[美] 约翰·阿瑟·约翰逊 著

李根 译

寻找
系外行星

上海科学技术文献出版社

Shanghai Scientific and Technological Literature Press

图书在版编目（CIP）数据

寻找系外行星／（美）约翰·阿瑟·约翰逊著；李根译．
—上海：上海科学技术文献出版社，2022
ISBN 978-7-5439-8433-2

Ⅰ.①寻…　Ⅱ.①约…②李…　Ⅲ.①行星—普及读
物　Ⅳ.① P185-49

中国版本图书馆 CIP 数据核字（2022）第 014784 号

HOW DO YOU FIND AN EXOPLANET?

图字：09-2019-975

选题策划：张　树　　　　责任编辑：黄婉清
封面设计：留白文化　　　版式设计：方　明

寻找系外行星
XUNZHAO XIWAIXINGXING
[美] 约翰·阿瑟·约翰逊 著　李　根　译
出版发行：上海科学技术文献出版社
地　　址：上海市长乐路 746 号
邮政编码：200040
经　　销：全国新华书店
印　　刷：商务印书馆上海印刷有限公司
开　　本：850mm×1168mm　1/32
印　　张：6.5
字　　数：113 000
版　　次：2022 年 3 月第 1 版　2022 年 3 月第 1 次印刷
书　　号：ISBN 978-7-5439-8433-2
定　　价：78.00 元
http://www.sstlp.com

太空中有无数的星座、恒星和行星。我们只能看到恒星，是因为它们会发光；而行星又小又暗，所以始终看不见。还有无数的地球围绕着它们的太阳运行，它们不比我们的地球差，也不比我们的地球小。

——焦尔达诺·布鲁诺《论无限、宇宙和诸世界》
（ *De l'infinito universo et Mondi*，1584 ）

最终，我们抵达了朦胧的边界，亦即我们望远镜的观测极限。在那里，我们会测量暗影，并在虚无缥缈的测量误差中，找寻宇宙中最本质的信标。探索仍将继续。在穷尽种种经验主义的方法之前，我们不需要走向臆测的乌有之乡。

——埃德温·哈勃《星云世界》
（ *The Realm of the Nebulae*，1936 ）

前 言

我必须承认，最初让我写一本讲系外行星的书时，我一度怀疑还有没有合适的目标读者。毕竟过去十年间已经出版了不少这个方向的优秀图书，其复杂程度从大众科普到研究生教科书不等。不过，稍作思索后我便意识到，其实我每天都在和潜在读者互动交流。许多大学和研究所都会给本科生开设充满活力的暑期研究项目。我在加州理工学院的每一年，以及最近在哈佛大学期间，都会有很多新生乃至高年级同学请求我担任导师。吸引这些同学到系外行星科学领域的原因，与系外行星在公众间如此受欢迎的原因如出一辙。行星与我们童年记忆中最爱的科幻电影、漫画密切相关，而是否存在围绕其他恒星的行星、它们有何性质，则是回答某些与我们人类在宇宙中所处位置有关的古老问题的关键。

试图从事系外行星研究的学生通常有扎实的物理学背景，但他们往往缺乏天文学——特别是与天体物理学研究联系最密切的学科方面的经验。这些学生需要的是在他们现有物理直觉之上的资源，来理解发现和研究行星的过程。因此对于年轻的未来研究者来说，问题不是**为什么**他们应该开始研究行星，而是他们应该**在哪里**以及**如何**开始学习。在我与潜在的暑期研究者交流时，我通常会择取科学文献和各种研究生教科书以布置阅读任务。然而对许多学生来说，光弄懂这些背景资料都是项艰巨任务，就算对那些在加州理工或者哈佛学过物理的学生而言，也是如此。从这个角度来看，编写一本涵盖了基础知识、能为学生阅读天文学文献和各种高级教材提供切入点、同时又通俗易懂的教材会很有帮助。

幸运的是，探测系外行星所需的物理基础和学生在大一、大二课堂上学到的物理知识别无二致。不需要弄懂张量和场论，也能理解行星对恒星的影响。这倒不是说探测系外行星很容易，也不意味轨道动力学等内容的细节就很简单。在许多有关系外行星的研究中，广义相对论起着重要作用，而用来发现和表征行星的数学也可以非常复杂。不过在学生们深入研究自己的项目之前，暂且无须考虑这些高阶效应。在学习之初，如果对行星轨道有了初步理解，并对行星绕恒星运动的几何关系有了简单粗略的认识，那么就足以对现有的各种行星探测方法建立起强大的物理直觉。

为提高可读性，我在保留了基本物理原理的前提下，使用简图来代替细致推导。举例来说，为了详细理解行星引力导致的恒星多普勒频移，需要从相关质点的矢量位置表述出发，推导出沿椭圆轨道运动的约化质量和平均位置。然而，如果只考虑两个质点绕它们的共同质心作圆轨道运动，那么

仍然能够保留该物理图像的本质。不再考虑轨道偏心率之后，数页的数学推导即可简化为几个公式。简化的数学形式凸显出了轨道运动的基本物理，亦即行星和恒星之间的引力作用。上述是我在讲授《天文学导论》这门专业课时的做法。我认为，日后会有很多时间来补充详细数学论证。但在课程之初，更需要重视的是基本物理图像，而不是数学细节。

这种简化的物理图像还有一个好处：利用它，学生们可以很容易地估计出探索系外行星时的信号大小。这样一来也就很容易理解，为什么直到二十年前才发现第一批系外行星。行星产生的信号太过微小，而从背景噪声中识别出这些信号的技术难度相当大。对于专家来说，探测系外行星也很困难。在本书中，我试图让学生从牛顿力学出发，独立得出这个结论。

本书一个更具体的目标是教读者直观地理解行星信号背后的物理。换句话说，我希望读者学会从发现新行星的论文插图中，判读出行星的性质和轨道。在本书的每一章，我都会全程引导读者将所发现的信号——例如凌星曲线的深度，或是微引力透镜信号的亮度和持续时间——转化为行星及其轨道的物理性质。给出了精细的模型之后，才能基于恒星视向速度的时间序列来测出行星质量的几位有效数字。不管怎样，单用肉眼粗略估计一下期刊论文中的视向速度曲线，就至少可以知道行星质量的数量级，稍加努力便能给出一位有效数字，而且还无须拟合模型。

本书适合物理专业的本科生了解该领域，我也希望它能帮助任何有技术背景同时对系外行星感兴趣的读者。在天文学历史上，业余爱好者曾做出许多重要贡献，在系外行星科学领域也不例外。有关最新行星探测的新闻报道、关于系外行星的大众科学书籍已经激发了诸多读者的热情。而我则希望，本书能够在大众科学和这些出版物背后的细节之间架起一座桥梁。

为了从实际出发，同时也为了最大限度地发挥本书的价值，我主要讨论了四种探测技术，它们已经可信、有效地发现了大量系外行星。这些技术分别是多普勒频移法、凌星法、微引力透镜法和直接成像法（第二至第五章）。本书不求详尽无遗，例如：我并未详细介绍天体测量法，它虽然历史悠久，但是作为探测技术来说，并没有另外几种那么成功。然而多普勒频移法背后的物理概念和天体测量法相通，任何一名理解了多普勒频移法的学生都能够理解行星轨道运动导致恒星在天空中的运动。不同的计时技术也是如此，例如用来寻找第一颗绕脉冲星运行的系外行星的方法[1]。

本书的中心是回答这么一个问题：**如何寻找系外行星？**因此，我并没有介绍后续用于表征行星系统的测量技术。举个例子，一旦发现某行星从恒星前面经过，人们就能进一步在不同波长下进行凌星观测来分析行星的大气成分，或是在凌星时通过后续的多普勒测量来得出行星轨道面与恒星自转轴之间的夹角。这些测量方法对我来说很熟悉也很亲切，因为它们占据了我课题组研究工作的很大一部分。不过这些测量是在行星发现**之后**再开展的，因而超出了本书的范围。更多的表征技术可以参考萨拉·西格详尽的研究生教科书《系外行星》[2]与《系外行星大气》[3]。我也推荐迈克尔·佩里曼的《系外行星手册》[4]。

为了丰富本书内容，我介绍了各种探测技术背后的一些历史，但所述还远不够全面。如果想知道更多系外行星历史，我推荐迈克尔·勒莫尼克的专著《其他的世界：寻找宇宙中的生命》[5]；或者在天文学文献中，我强烈建议读一读费希尔等人 2014 年所发表论文[6]的引言，以及高迪于 2012 年[7]、沃克于 2012 年[8]、奥本海默和欣克力于 2009 年[9]所发表的评论文章。如果希望不那么技术性地了解系外行星科学现状，我推荐雷·贾亚瓦哈纳的《奇异新世界》[10]。而若是站在未来的视角，想知道该领域的发展方向，那么请务必阅读勒莫尼克的《镜像地球：寻找我们星球的双胞胎》[11]。

在本书撰写过程中，我学到了很多东西。我借鉴了国际上其他许多行星搜寻者的知识，其中很多人是我的合作者和朋友，这令我非常骄傲。这些专家包括我以前的论文顾问和导师杰夫·马西（Geoff Marcy），以及黛布拉·费希尔（Debra Fischer）和杰森·赖特（Jason Wright）。由于我的专长是利用多普勒频移法和凌星法探测行星，所以我得仰仗其他人提供其他探测方法的专业知识。对于直接成像法这一章，我要感谢我此前的博士后研究员贾斯汀·克雷普（Justin Crepp）和萨沙·欣克力（Sasha Hinkley）。对于微引力透镜法这一章，我必须把大部分的功劳归于斯科特·高迪（Scott Gaudi）、珍妮弗·伊（Jennifer Yee）和罗珊·迪·斯特凡诺（Rosanne Di Stefano）。我对凌星法的大部分了解来自乔希·温（Josh Winn）。此外，我还要特别感谢欧文·金杰里奇（Owen Gingerich）、乔纳森·斯威夫特（Jonathan Swift）、单玉通、安德鲁·范德堡（Andrew Vanderburg）和埃琳·约翰逊（Erin Johnson），感谢他们有益的建议和编辑。最后，我希望向匿名审稿人表示感谢，他们的反馈极大地改进了这本书。

我也必须感谢我卓越的团队——系外行星实验室（Exolab）所给予的鼓励、支持和知识环境。我团队中的本科生、研究生和博士后是我解决恒星天体物理学及行星科学中那些最为棘手的问题的秘密武器。

目录

第一章　引言

> 从人类诞生之日起，我们一直在宇宙中寻找自己的
> 位置。
>
> ——卡尔·萨根（1980）

1.1　我的简史

我是一名天文学家，因而我的职业兴趣是研究夜空中天体发出的光。不过与许多天文学家不同，我对夜空的兴趣来得很晚，晚到本科阶段才开始。我没有儿时观星的记忆，也从未想过要一台望远镜作为圣诞礼物，卧室的墙上没有月相日历，甚至在我二十一岁之前，连一本与天文学相关的书都没有。小时候我和天文学联系最近的事物，还是挂在我床边的航天飞机海报，但那时点燃我兴趣的是航天飞机复杂的机械细节，而不是它所航行的地方。

回首往事，我认为少时之所以对天文学一无所知，主要是因为我在密苏里州圣路易斯县北的大都市区长大。冬季的夜晚更长，天上经常多云，城市的光污染让夜晚依旧明亮，

即使没有云层亦是如此；而夏天则空气潮湿，还满是蚊子。①另一个重要因素：在六岁到十二岁的这段时光里，我花了不少时间在自己的房间里搭乐高积木。从我早年的经历来看，我似乎注定要成为一名工程师，而不是如今的天体物理学教授。

等我进入密苏里州罗拉镇（当地方言发音大概是 Rah-lah，Mizz-ur-ah）的一所小型工程学院（这所学院现在名为密苏里科技大学）之后，我才首次对夜空有了难忘的体验。罗拉镇的人口约 20 000，但只在学年中有这么多；一旦学生们放了暑假，就会下降到 12 000 人以下。1997 年 8 月的一个炎热夏夜，就在秋季学期即将开始前，我的室友杰森劝我出去看当晚的英仙座流星雨，那时我正坐在房间里用我们自己搭的局域网玩电脑游戏。杰森此前在学生广播电台 KMNR 的公共服务通告中听说了这场流星雨，当时我们都在那儿做 DJ。在开学前也没有更好玩的事了，于是我们和几个朋友驱车来到镇外的农田，铺了几条毯子，等着流星出现。

就在我们看着那些大小不一的流星划破夜空的时候，我注意到了一条暗淡而斑驳的光带，于是我问其他人是否看到了它。结果发现，我们看到的是银河——从内部观察到的我

---

① 北美红雀为啥不把它们都给吃了?! ——作者注

们自己星系的模样——以及众多的夏季星座。正是在二十一岁时发生的这桩事，激发了我对浩瀚宇宙的兴趣。

从那天晚上起，我开始仰望星空。我开始关注那些存在细微色调差别的闪烁群星，开始留心月相，以及整个天空的模样。就在那年的晚些时候，某天晚上我看到了一颗极为明亮的星星，而此前我从未见过它。几周之后，我向物理学教授施密特博士问起了这颗神秘的星星，我本来以为会听到某个拉丁文的星座名，或者一些无聊数字构成的命名。我解释说，它比周围的星星亮得多，看起来比天空中其他所有的东西都显眼。他微笑着告诉我，我看到的根本不是恒星。恰恰相反，我看到的是木星。如今再回忆起那一刻，我想那才是我"发现"第一颗行星的时候！对全人类来说，木星的发现就算没有上百万年也应该有数千年历史了，一点儿也不稀奇。但对我来说，这可是全新的体验，还进一步激发了我对天文学的兴趣。

1.2 人类观察天空的活动

从古至今，人类一直在清点夜空，记录着天上的恒星、行星以及其他明亮天体。要是多给我几个晚上仰望苍穹，而不是埋头看书或者盯着电脑屏幕，那么除了木星之外，我也许早就注意到了其他明亮行星，包括水星、金星、火星和土星。如果我观察得像几千年前的先辈们那样仔细，那么我应该能发现：相对于周围的恒星来说，行星并非月复一月地出现在同一个地方。在相对静止的星座背景之中，行星按照自己的步调移动，有些时候还会背向恒星移动。测量天体相对于静态背景恒星位置的工作叫作天体测量学（astrometry）。系外行星研究的历史发轫于人类对这些行星开展的天体测量，而发现太阳系行星运动的规律，则标志着我们如今所知的现代科学的黎明。

"行星"（planet）一词源于希腊，意思是"游荡之星"。最早记录行星天体测量结果的是巴比伦人，他们在公元前 17 世纪就开始记录金星的位置。我们能知道这点还多亏了古老的金星泥板，这些早期的天体测量结果后来被复刻到泥板上而得以保存。这些泥板可追溯到公元前 7 世纪，早期的观察很可能与宗教习俗和信仰有关，比如人们认为行星与太阳的距角达到最大时预示各类征兆。后来一些巴比伦文献记录了其他行星（还有太阳和月球）的位置，并且注明了它们在天空中的运动具有周期性。

古巴比伦的行星位置表是人类追踪夜空中天体位置最早的书面记录。虽然人们注意到行星运动在许多方面都具有周期性进而可以预测，但是古代天文学家并没有提出用以描述行星和恒星运动的合适模型。在几何学出现之后，古希腊人首次对天体运动作出了数学描述。他们假设地球是个球体——他们已经意识到

地面并不平直——还有个包含了恒星与行星的更大天球绕着中心的球体旋转。这种"双球"模型由当时最著名的哲学家——特别是苏格拉底、亚里士多德和托勒密等提出，此后基督教神学家采用了该模型，并一直沿用到公元 16 世纪①末。[1]

对双球模型的偏爱未必是因为它能对观察到的现象做出准确的物理解释，而是因为当时的人们坚信自然界具有美学感染力，而非我们今天要求的科学性。根据早期希腊哲学家的思想——后经托勒密加以扩展，组成宇宙的各种基本元素有各自偏好的位置和行为。例如在托勒密的宇宙中，地球及其组分——土、水、空气和火——正处于变化之中而且不够完美。此外，地球上的物体倾向于朝地心运动，这就解释了为什么物体会掉到地球上。虽然地球上的事物会发生变化，但天上的造物却完美无缺，亘古不变。包容天体的外层天球不会坠向地球，而是周而复始地做着圆周运动，无始亦无终。

近两千年来，双球模型一直占据着主导地位，其结果是我们在物理层面对宇宙如何运行的理解几乎没有进展。双球模型看起来完美无缺，恒久不变，所有天体均沿着永恒的圆轨道运行，这使它吸引了托勒密和此后基督徒的注意。然而

---

① 原文作 sixteenth century B. C. E.（公元前 16 世纪），B. C. E. 当有误。——译者注

除了天空的视觉吸引力之外，夜空中的恒星很大程度上可以说乏善可陈。恒星、月亮、太阳和行星都位于地球之上，我们可以简单地假定，支配地球变化的规则不适用于它们。这意味着在哥白尼时代（1473—1543）到来之前，为天文现象给出详细解释对大多数人来说并没有太大必要，仅有的例外是行星位置会对确定时间、辅助导航以及人类命运与占星学规律之间存在的联系造成影响。天文问题的范围仅限于何时会发生天文现象，而这也只是因为人们相信这些现象会影响人间的事务。思考**为什么**天体沿着各自的轨迹移动，或是追溯它们的起源，并不是受过教育的哲学家要做的事情。他们关心的是人类的本质，而不是恒星、行星或者宇宙的性质。

要是夜空中只有恒星，或许双球模型还会多统治几个世纪。然而，正如今时今日，行星吸引了早期哲学家、科学家和思想家①的注意。当恒星还绕着地球作整齐划一的圆周运动时，行星却离经叛道，打破了颠扑不破的规律。金星和水星并不把整片夜空当作自己的舞台。人们只有在太阳落山或升起时才能用肉眼看到它们，而它们的位置也相应地从太阳的一侧变到另一侧。一天之中，金星最能吸引人们的眼球。在有些日子

①　原文作 tinkerers，此处应为"thinkers"之误。——译者注

里，人们可以在日落前和日落时看到闪亮的金星；而在另一些日子里，它则在日出前后出现。因此在这两种情况下，它也分别被称为长庚星和启明星。火星、木星和土星也非常明亮，但它们按照各自的步调，在整片夜空的恒星背景中移动。

更奇怪的是，火星、木星和土星以及其他肉眼看不到的带外行星偶尔会停下来，然后在接下来几周到几个月的时间里掉转方向，夜复一夜地自西向东移动，这与它们更典型的自东向西运动相悖。从现代科学的角度来看，行星的这种逆行（retrograde motion），以及金星和水星受限的运动，正是反驳太阳系以地球为中心的证据。金星和水星之所以从未远离太阳，是因为地球在它们外侧绕太阳运行，而我们是处在离太阳更远的位置向太阳系内侧观察它们较小的绕日轨道。与此同时，火星、木星和土星在地球外侧绕太阳运动，它们的轨道更大，跨越了我们所见的整片夜空，因而在天球上它们常常看起来离太阳很远。除此之外，地球的轨道有时可以"超前"于带外行星的轨道，于是在我们超过它们时，它们看起来就在天空中往回走。

然而，在16世纪以前，人们对宇宙的普遍看法迫使人们加倍倾向于完美的圆形运动。托勒密的模型建立在圆周运动的概念之上，而这个概念最初由喜帕恰斯和佩尔加的阿波罗尼奥斯提出。在这个模型中，行星不只沿着以地球为中心的巨大圆周①运动，还沿着叫作本轮（epicycle）的小圆移动，而本轮的圆心就落在大圆圆周上。按照这种圆周套圆周的理论，多数时间内，行星在天空中自东向西移动，但由于本轮在旋转，它们偶尔也会反向运动。从公元 2 世纪到公元 16 世纪的哥白尼时代，这一千多年间，托勒密引入的本轮修正一直是太阳系的主导模型。

1.3　行星为什么按它们现在的方式运动？

在一生中的大部分时间里，尼古拉·哥白尼当过政治家、神学家和内科医生，不过他真正热爱的是天文学，他精通托勒密那套包括了天球和本轮的天文学理论。然而实际应用的本轮模型不只是在大圆上叠加小圆，还需要作其他修正，例如引入地球和不同行星运动中心之间的偏移量，这样才能重现出诸如一年之中行星亮度和速度的变化。

哥白尼发现，圆形的行星轨道可以纳入以太阳为中心的模型（日心模型）之中。[2]和古希腊人一样，哥白尼崇拜圆形，因为圆形路径上的物体会一直运动下去，正反映了天球永恒的完美。日心模型的另一个优点则是，无须再使用变化多端的本轮来解释行星的逆行。哥白尼最早在一篇题

---

①　该圆周亦称为均轮（deferent circle）。——译者注

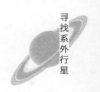
为《短论》①的论文中提出了他的日心模型。在这篇简短的作品中，他提出了一系列假设，尤其是太阳系没有单一中心，而是有好几个旋转中心；月球绕地球运行；月球以外的天体绕太阳运行；恒星有固定的位置，而且离太阳系很远；带外行星的表观逆行则是由于地球轨道所在的球面位于这些行星轨道所在球面的内侧。以上假设构成了他日后作品《天球运行论》②的基础，这本书更全面地介绍了他的日心模型。

应当指出，从现代科学的角度来看，哥白尼以太阳为中心建立太阳系的动机并不特别令人信服。由于哥白尼坚持圆周运动——如今我们知道行星的运动通常并非如此，他建议将太阳放在这个系统的中心附近，而这一构想基于另一种美学动机：光线通常从中心位置发出，正如某个黑暗房间里的烛火。因此，他建议把太阳放在太阳系中心，或者说房间的中心，而包括地球在内的行星则围绕着中心的光球旋转。相比于带本轮的地心模型，哥白尼的日心宇宙给出的解释要简

---

① 原名 *Commentariolus*，于 1514 年写成，但未公开出版。该论文是哥白尼日心说理论的简短摘要。——译者注

② 原名 *De Revolutionibus Orbium Coelestium*，于 1543 年首次出版。该书中译名曾为《天体运行论》，但《天球运行论》更符合其拉丁语原意，商务印书馆于 2015 年出版的张卜天译本即作《天球运行论》。——译者注

单得多。但更为重要的是，日心模型后来在直接观测证据中获得了压倒性的支持。

抛开他的动机不谈，哥白尼的思想已被证明是革命性的思想，它提供了一种全新的观察和解释宇宙的方式。库恩敏锐地注意到，"哥白尼革命"开创了科学思维的新范式。①

科学范式是一套思维系统，它构成了解决科学问题的起点。举例来说，在现代细菌致病理论出现之前，人们认为导致疾病的原因是空气质量差，或者说"瘴气"。如今我们对细菌、寄生虫和病毒的了解，为治疗和预防那些18世纪的医学工作者无法识别的疾病提供了更为高效的体系。

同样，地球在宇宙中并不占有特殊地位这一假设，为解决现代天文学问题提供了一个共同的出发点，而该方法在哥白尼的革命性思想出现之前可谓闻所未闻。由于哥白尼范式的转变，科学家们用以解释周围世界的假设发生了根本性的变化。随着太阳移动到行星轨道的中心，地球不再占据整个

---

① 欧文·金杰里奇曾经给我讲过托马斯·库恩（Thomas Kuhn）的故事，后者将范式的定义扩展到了科学领域。有一天，托马斯在哈佛广场附近散步，然后有位乞丐问是否可以给他一毛钱。我爱双关语！——作者注

"范式"的英文作"paradigm"，而乞丐询问"是否可以给一毛钱"的英文作"if he could 'pare a dime"，此处"'pare a dime"和"paradigm"的读音相近。——译者注

宇宙中心的位置。利用哥白尼的新模型，最终可以得到围绕太阳运动的行星系统，于是就有了**太阳系**这么个合理而通用的体系以解释行星运动。此后的观察和分析都表明，太阳是宇宙中无数恒星之一，它比地球本身和包括大气的地球整体都要大得多。

与大众的看法相反，教会最初对哥白尼的新思想采取了相当务实的立场。他的日心模型提供了一种更简单的预测行星位置的方法，因而比此前的天体测量学方法更实用。哥白尼本人也是教会阶级的一员，他在发表他的理论时非常注意遵守规则和礼节，因而得以将他的《天球运行论》进献给了教皇。[3] 在他刚刚发表《短论》之后，天主教和新教的某些宗教领袖都对将地球从上帝造物的中心移出表示了鄙夷之情。但直到几十年后，教会才开始领导有组织地去镇压哥白尼的思想。尽管如此，哥白尼还是察觉到了教会对他的理论暗藏的反对态度，这也是他等到晚年才出版《天球运行论》的原因之一。

阻止日心模型被广泛接受的另一个障碍则在于，该模型要求地球处于运动之中。地球静止于太阳系中心符合当时的哲学信条，即与地球相关的元素都倾向于落向地心。然而，这种倾向毕竟与现代的重力概念完全不同，而且许多人对地球在运动这一点嗤之以鼻，只因为他们认为，如果地球围绕太阳运动，那么原本静止在地球表面的物体、大气层以及月球就都会飞走。毕竟，若是一辆载有物资的马车转弯太快的话，货物就会从马车边上飞出去。地球和它的"货物"难道不也是如此吗？另一种反对意见则是，人们坚信只存在一个运动中心，倘若地球绕着太阳这个中心旋转，同时月球还绕着地球这个中心运动，那也太荒谬了。

哥白尼的日心模型与已有的观测结果充分匹配，但当时主流的地心模型也能做到这一点。对哥白尼来说，将太阳移动到行星轨道的中心可以得到一个更简单、同时在数学上更优美的架构，但是新旧理论的冲突只能依靠新的观测证据来解决。如果某个正确的模型声称所有的天体，或者说整个宇宙应当按照某种确定的方式运行，那么通常就应该有一些可观测的结果。对宇宙的新观测结果常用于检验理论模型的关键部分。只要新理论经受住观测的检验，尤其是与之竞争的理论未能通过检验时，它就能作为可行的工具来理解宇宙。不过遗憾的是，在发表了他的理论之后不到一年，哥白尼就去世了，因此他再也没能看到此后令其假说得到广泛认同的观测验证。

在哥白尼的时代，天文仪器只不过是一些基本的测量工具——通过测量位置、角度和时间，来绘制那些肉眼可见的天体的运动。第谷·布拉赫（1546—1601）把当时最新的工

具同他本人对细节的极致追求结合在了一起，显著提高了对行星的天体测量精度。虽然布拉赫强烈反对哥白尼的日心模型，但是在他去世后，他的合作者约翰内斯·开普勒继承（或者说偷窃，这取决于不同人的观点）了布拉赫的数据，然后利用这些高精度数据完善了哥白尼的模型。开普勒发现，行星并非都沿着均匀圆轨道绕太阳运动，修正后的运动定律可以解释布拉赫的天体测量数据中行星运动的所有特点。

　　开普勒第一定律称，行星沿着椭圆轨道而非正圆轨道运动，且太阳位于椭圆的两个焦点之一。第二定律则称，行星在轨道上与太阳的距离越近，移动得就越快，反之亦然，行星与太阳的连线在相等的时间内会扫过轨道椭圆内相等的面积。如今，我们可以通过能量守恒和角动量守恒定律来理解这一点。行星在近日点（perihelion）与太阳的距离 d 越小，引力势能就负得越多，因为引力势能正比于 $-1/d^2$①。为了减少引力势能（注意负号）并保证总能量守恒，行星必须加速来增大动能。而在远日点（aphelion）或者说椭圆轨道上离太阳最远的位置则截然相反。

　　开普勒第三定律也许是物理系学生最熟悉的一条定律。

---

① 　引力势能应该正比于 $-1/d$，而引力则正比于 $-1/d^2$。作者此处或混淆了引力和引力势能。——译者注

它表述的是行星轨道的大小，或者说它的轨道半长轴 a，与轨道周期 P 呈正相关，亦即

$$P^2 \propto a^3 \qquad (1.1)$$

开普勒第三定律为理解哥白尼日心模型中诸行星的运动提供了统一的数学框架。包含地球、太阳、月球和五颗肉眼可见行星的宇宙不再是一系列运动天体的特殊集合，而是一个自洽的系统。然而，在出现比用肉眼更近距离地观察太阳系天体的方法之前，人们对运动着的地球始终心存疑虑。

17 世纪初，荷兰的玻璃匠发明了首台望远镜，它使用透镜系统来提高眼睛的集光能力和空间分辨率。这些原始望远镜被用于在海上发现遥远的船只等目的。在第一台望远镜问世若干年后，和哥白尼一样博学多才的意大利人伽利略·伽利雷开始建造自己的望远镜，他改进了荷兰人的原始设计。伽利略没有观察地球表面的物体，而是将改进后的望远镜指向了夜空。他在这个全新视野中的发现足以让古希腊哲学家们大吃一惊，哥白尼若是能活着看到这一幕，想必内心也一定会感到温暖。

伽利略观察了月球这个夜空中最明亮的天体，发现月球表面皱褶起伏、凹坑密布，与先前的假设形成了鲜明的对比。此前，人们猜想月亮由以太构成，因而具有完美的反射面。

以太是一种完美的物质，以太构成了天体，天体也在以太中运动。月面的黑色区域并非地球瑕疵的映像，而是月球本来的样子。同样，太阳表面的投影图像显示，在以"天"为单位的时间尺度上，黑斑（太阳黑子）的大小和位置都发生了变化。此即意味着太阳和月亮并非完美无缺，也绝非一成不变。

伽利略对行星的密切观察所得也同样令人吃惊。他发现金星在轨道上运行时也有相的变化，和一个月之内月亮的变化相似。这就有力地证明了至少有一颗行星围绕太阳而非地球运行。土星的清晰图像表明它不是完美的圆，而是沿着某个方向伸长，并且该方向一年间都会变化。这种伸长就是众所周知的土星特有的环系，但它的可变性再次抨击了天体性质永不变这一观点。

当伽利略观察木星时，他又有了意外收获。与土星不同，木星看起来是个不带环的实心圆盘。但伽利略对细节的把握很敏锐，他注意到有几颗"星星"落在经过木星中心的直线上，而且它们总是出现在木星附近。夜复一夜，这些随行的光点会从木星一侧移动到另一侧；它们的数目看起来会变，有时会消失一两颗，而次日夜晚它们又出现于新的地方。值得注意的是，虽然这些光点看起来只是在二维表面上随机跳跃，而且还有恶劣天气的干扰，但是伽利略依然得以推断出：它们实际上是在三维空间的轨道上绕木星运动。这一推断的意义非常深远，因为它意味着木星突然成为宇宙的另一个中心，有其他天体绕它运行。又因为木星绕太阳运动，便证明地球也可以在太阳系里运行，而不会因运动失去月球、大气层或人类居民。

1.4　系外行星与完成哥白尼革命

在哥白尼提出他革命性的思想四个多世纪之后，由于发现了绕太阳以外恒星运行的行星，天文学迎来了又一次范式转变，也让我们进入了天文学的一个新时代。系外行星科学指的是对系外行星所做的研究，包括从最初发现它们到研究它们的物理性质。①来自这个快速发展的领域的新知识正在彻底改变我们对太阳系起源的看法，或者更宽泛地说，正在改变我们对整个银河系中行星系统形成和演化的认知。

在发现系外行星之前，我们对行星系统这种概念的认识和理解完全来自仅有的一个样本——我们的太阳系。这种单

---

①　绕其他恒星运行的行星最初被称为"太阳外行星"（extrasolar planets）。但是弗吉尼娅·特林布尔（Virginia Trimble）指出，她从未听说过有哪颗行星位于太阳"内部"。或许是有人讨厌混用希腊语词根和拉丁语词根，而如今最常用的词是"系外行星"（exoplanet）。——作者注
"extra-""solar"均为拉丁语词根，而"exo-""planet"均源自希腊语。西方科学界通常对混用拉丁语及希腊语造词嗤之以鼻，典型例子如雷蒙德·达特对南方古猿的命名。——译者注

样本方法的缺点应该说相当明显。只关注我们的太阳系，就好比在做社会学研究时只研究自己的生活史。或许大多数孩子都倾向于通过只考虑自己来理解人类，但我们最终都会长大，明白我们要是不研究其他人，就不可能理解自己和社会。同理，如果没有大量太阳系以外行星的样本，我们也不必奢望了解地球的起源，以及大多数行星系统的形成过程。

如今有必要将我们在发现系外行星之前对行星的主流看法重新审视一番。1995 年，布莱克在一篇题为《继续哥白尼革命》[4] 的文章中对行星科学作了全面而悲观的评论。下述一些太阳系典型特征的描述也传递出 1995 年前后的主流范式：

1. 所有行星几乎都位于同一轨道平面内，各轨道平面之间的倾角小于 4°。只有最内侧的行星——水星例外。

2. 各行星的平均角动量与太阳的自转角动量几乎平行。

3. 各行星的轨道都接近圆形，不过水星再一次成为例外。

4. 除了金星和天王星外，所有行星沿着相同方向绕太阳运行，它们的自转方向与公转方向相同，也与太阳的自转方向相同。

几百年前，大约在 1755 年，伊曼纽尔·康德就已经注意到了上述大部分特征。从太阳系的特点出发，他认为所有这些行星都起源于一团扁平的、旋转着的气体———一团星云。①之后，皮埃尔-西蒙·拉普拉斯发展了康德的星云假说。他设想，该星云在冷却收缩后会形成一系列更大的环，它们会逐渐远离位于中心处新形成的太阳，而后这些环将坍缩形成行星。

虽然拉普拉斯和康德的星云假说在 18 世纪至 20 世纪中叶之间的热度有所降低，但是在布莱克的综述文章发表时，行星诞生于新生恒星周围扁平状的气体和尘埃云依然是行星形成的主流模型。事实上，时至今日也是如此。我们认为，行星形成的过程是恒星形成过程的副产物。在星际介质——这里指飘荡在银河系恒星之间广阔地带的气体和尘埃中，存在大片含有相对稠密、低温的分子气体云团。附近恒星形成区内超新星爆发的冲击波可能是压缩这些分子云的因由，而后分子云开始在自身重力作用下收缩。如果分子云内部热辐射的辐射压不能抵消重力的作用，分子云就会开始坍缩。

---

① 康德还正确地推断出，银河系具有扁平盘状结构，由许多恒星组成，而这些恒星绕共同的中心转动。——作者注

　　分子云的坍缩会使一处或多处密度中心变成恒星。当构成分子云的物质向中心恒星聚集时，为满足角动量守恒，会形成一个旋转的扁平状气体和尘埃盘，而物质会在新生恒星或者尘埃盘的自转轴方向被压缩。湍流、粘度和磁场有助于把流入的气体穿过圆盘输运到中心恒星处，而恒星风和辐射则会将尘埃盘中的物质推回星际介质中。恒星形成过程中的剩余物质会形成越来越大的固体团块，后者正是行星形成的种子。

　　与中心恒星的寿命相比，行星形成的过程很短。像太阳这样的恒星大约有 100 亿年的寿命，然而行星形成的过程只持续 1 000 万年到 1 亿年，比最终由行星和宿主恒星构成的系统的寿命短了几个数量级。在观察到系外行星系统的多样性之前，人们普遍认为太阳系是行星形成过程的静态"化石记录"。较小的行星在靠近恒星的地方形成，此处气体密度比外部区域小，温度又太高，水冰等挥发物不可能在此凝聚。而在所谓的雪线之外，尘埃盘的温度会降到冰点以下，这样更容易形成固态的行星核心。随着气体密度增加，巨行星形成的效率更高，因此木星和其他气态巨行星的轨道都很大。

　　系外行星的发现立即挑战了由太阳系这例化石保存的这幅从气体盘到行星的图景。系外行星系统的结构给出了在尘埃盘消失后行星之间存在引力碰撞的有力证据。例如，人们已经发现，其他恒星周围气态巨行星的轨道半径往往小于5.2天文单位（astronomical units，AU；1 AU 即日地距离），即太阳和木星之间的距离。此外，系外的气态巨行星通常位于偏心轨道上，而且某些轨道相对于系统中其他行星的轨道以及恒星自转轴都出现了明显倾斜。这类普遍存在的高偏心率、轨道倾斜的近距离行星会导致行星与其行星盘之间、行星与恒星之间以及行星之间产生引力相互作用。如果只有太阳系一个样本，那么要对这种强烈的引力相互作用以及行星轨道的向内迁移给出具有说服力的解释会很困难。但在观测了数以千计的系外行星系统之后，我们现在能够明白，太阳系的有序结构可能只是一个例外，而并非可适用于整个银河系的规则。

在发现系外行星之前与之后，我们对行星系统认识的变化可以用这样的故事来作类比：在诸如曼哈顿的大城市中心有座维多利亚时代的房子①。想象一下你在这座房子里长大，却从来没有机会看看外面的世界，因此也从未见过别人的住所。而在你十二岁的某天，你有机会走出家门四处看看。高层公寓大楼、联排别墅和独立产权公寓都跟你一直住着的房

---

① 这里我设想的是我最喜欢的儿童读物之一，弗吉尼亚·李·伯顿所著的《小房子》中的那栋房子。——作者注

子看起来完全不一样，有关其他人生活方式的所有理论也都会在瞬间被彻底改写。与此同时，你脑海中会涌入大量基本但又费解的问题，比如：人们是如何从底楼去自己家里的？这些高大的建筑群是如何建造的，又是谁建造了它们？人们是集体拥有整栋建筑，还是各自拥有一部分？

　　所有这些基本问题都有相当浅显的答案，但是在你刚走出维多利亚时代小房子的头几天里，这些答案远没有这么明显。同样，我们在银河系其他地方所发现的大量形态各异的行星系统，也让我们面临同样基本却又费解的问题。一直以来，我们在太阳系中"长大"，这个恒星系统里小的岩石行星（水星、金星、地球和火星）离太阳近，而巨行星（木星、土星、天王星和海王星）离太阳远，那么我们应该如何理解距离宿主恒星极近、轨道周期只有几天而非几年的热木星的存在呢？[5]有些行星系统里有 3—7 颗比海王星小的行星，但它们都挤在小于太阳与水星距离的区域内，又该如何解释这种系统的形成呢？[6—8]某些土星大小的行星会围绕两颗而不是单颗恒星运动，如果有人站在这种环绕双星的行星上，他也许会看到类似于电影《星球大战》里卢克·天行者立于虚构的双日行星塔图因的表面时所看到的景象，而我们对此类行星又有多少了解呢？[9—10]

　　在过去数十年间，我们根据太阳系的情况建立了行星形成模型，并不断进行调整以解释太阳系及其结构，如今它必须彻底修改了。描述太阳系不再是行星形成理论家所面临的唯一挑战。事实上，直到 2014 年我们才知道，我们的太阳系甚至不是银河系中的典型行星系统。小个子红矮星要比太阳这样的恒星多，两者比例大约为十比一，而平均每颗红矮星有 1—3 颗行星。[11—12]就像哥白尼革命性的理论剥夺了地球在太阳系里的中心位置一样，在发现了系外行星后，我们在考虑普通的行星系统时，整个太阳系已经不再是首选模板。系外行星科学的诞生和快速发展，已经从根本上改变了我们在星系尺度上理解行星存在、起源、演化的范式。

第二章　恒星的多普勒频移

可似乎没有令人信服的解释来说明，为什么在某些情况下，这些假想行星与其宿主恒星的距离不应当远小于太阳系行星与太阳的距离。检验这类天体存在与否会很有意思。[1]

——奥托·斯特鲁韦（1952）

2.1　用望远镜观测

"卡罗琳，我们准备移向下一个目标。"我正在和凯克天文台（Keck Observatory）的观测助理通话，她控制着世界上最大的望远镜之——口径 10 米的凯克双子望远镜中的一台。老实说，给卡罗琳发出这种指令其实没多大必要，因为她对加利福尼亚州行星探测流程的了解就算说不上比我更多，至少也和我相当。如果天气好，我们会有条不紊地顺着我们的目标清单前进，大约每五分钟观测一颗恒星，这样一个晚上总共能观察约 120 颗。我话还没说完，面前的控制面板就已经显示，望远镜正移向当晚下个目标的天体坐标。

许多年纪较大的天文学家不大接受现代观测天文学的运

作方式。举例来说，此刻我们正坐在帕萨迪纳某个海拔为零、环境可控的房间里，用一台配有三个显示器的电脑工作。与"凯克 1 号"望远镜还有我们正在使用的高分辨率光栅光谱仪（HIgh-Resolution Echelle Spectrometer，HIRES）相关的每一条重要信息，都会显示在电脑屏幕上。一条高带宽光缆连接着我们和太平洋彼岸的望远镜，并让我能与观测助理卡罗琳交流。和我不同的是，她此刻正在望远镜旁边，身处位于夏威夷主岛名为冒纳凯亚的死火山的山顶上。

这同从前的日子相去甚远。那时天文学家要先前往山顶，穿上保温的夹克后爬到望远镜的主焦点处，例如圣迭戈附近帕洛玛天文台的 200 英寸望远镜。在离地板 40 英尺（12.19 米）高的望远镜顶部有个类似太空舱的小盒子，勇敢的天文学家要在里面用整晚的时间观察。在这个小小的观测"笼子"里，天文学家需要连续待上 9—12 个小时，中途不能休息。他的工作是保证目标恒星位于目镜十字叉丝的中心，并通过有线按钮控制台给望远镜发送精细的控制指令。在这些漫长而艰苦的夜晚，天文学家需要独自在寒冷和黑暗中度过，没有办法歇下来四处走动或者伸展肢体。就像乔治·赫比格（George Herbig）曾经告诉我的那样："你得带两个热水瓶去主焦点，一个空一个满。一夜过后，你会带着两个热水瓶下来，还是一个空一个满。"你在主焦点观测室根本不会有空去洗手间。

如今，我们有电脑来控制望远镜，光缆能够把大量望远镜信息传给坐在零海拔的温暖房间内的观察者。现代观测天文学家花在望远镜上的时间和精力比我们的前辈同事要少得多。然而，他们会花同样多的时间规划观测流程，分析数据，发表他们的成果。控制望远镜指向天空不同方向的是计算机而不是人力，记录图像和光谱的是数字探测器而不是照相干板。不过仍然需要有研究者来解释这些数据，对于我们理解宇宙来说，从这些数据中得到的知识和以往一样重要。

在这个特别的夜晚，我为目标列表上的第 96 号恒星感到激动，它也叫 HD 94834，即亨利·德雷伯星表（Henry Draper Catalog）中的第 94 834 颗恒星。不可否认，它是狮子座中相当普通的一颗恒星。它的亮度太微弱，没能获得像 α Cen A 这样的拜尔星名，抑或像 70 Virginis 这样的弗兰斯蒂德星号。如果在天文文献里搜索这颗恒星，可以看到它出现在恒星距离表和恒星磁场活动表之中。然而对我来说，这颗恒星很特别，因为它给了我机会去寻找那些在此前大部分时间里隐藏在视野之外的行星。早在 2007 年秋天，我就开始观测它，当时我在寻找比太阳更重的恒星周围的行星，而它也是目标之一。HD 94834 的主序星生涯在大约 1 000 万年前走到了尽头，不过在天文学意义上就相当于是昨天的事儿。

在主序星阶段，它"朝九晚五"地工作，通过在核心处进行氢聚变来产生维持自身所需的能量。

在经历了大约 46 亿年的主序星阶段后，HD 94834 步入了"退休"生活。在主序星阶段，它的核心处一直在进行氢聚变；而在耗尽了氢燃料之后，核心开始收缩。出乎意料的是，为了保持流体静力学平衡，恒星的其余部分在核心收缩时会膨胀，最终让恒星冷却下来。对我来说更重要的在于，这颗恒星的旋转速度也会大大减慢[①]，进而使光谱中的吸收谱线变得更加锐利。作为我行星搜寻计划的一部分，我会监测目标恒星的速度以寻找沿我们视线方向的加速度，而后者可以揭示此前未知行星的存在。在本章后文中我们将会看到，由于不可见行星的引力拖曳，这种加速度在观察时会显示为恒星吸收光谱的细微移动。在主序星阶段，HD 94834 的旋转速度比今天快两个数量级。这种高速旋转会使它的吸收谱线展宽，进而让有关该恒星的行星信息变得模糊。但在它"退休"后，这颗恒星就成了我行星搜寻计划的最佳目标。

我在 2007 年和 2008 年对 HD 94834 所作的前三次速度

---

① 这颗恒星的自转之所以变慢，一个原因是它在半径增大时角动量守恒；另一个原因则是它的磁场与恒星风存在相互作用，这会使物质沿着磁力线运动到离恒星很远的位置。该输运过程会带走恒星的角动量，使其急剧减速。——作者注

测量结果非常平坦。一开始，这颗恒星看起来似乎在以恒定
的速度相对于太阳系运动。然而在 2008 年冬天所作的第四次
速度测量显示，该恒星的速度下降了 35 米/秒，此后一年间
其速度似乎也保持在这个值。

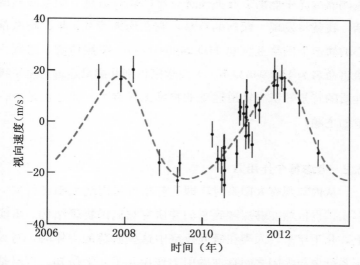

图 2.1 用凯克天文台的 HIRES 光谱仪测得的 HD 94834 视向速度。误
差棒表示仪器误差和天体物理学"颤动"（参见 2.5 节）带来的不确定
度。虚线给出了拟合得最好的轨道模型。在本章后文中，我将介绍可
以通过肉眼观察得出的该行星的一系列性质（最小质量、周期、偏心
率和半长轴）。

到了 2010 年，这颗恒星又开始明显加速，其速度以每年

17 米/秒稳步变化，直到它恢复到 2008 年的速度。到了 2012 年，我发现它再次减速，这令它成为发现系外行星的候选目标。此时此刻，我们只能说这里可能存在一颗行星，它需要等待进一步观测来加以证实。今晚，我希望到达这台望远镜探测器的光子能携带有关候选行星的轨道信息。如果顺利的话，我就将发现一颗新的行星，它在周期为 4.3 年、略微偏心的轨道上围绕亚巨星 HD 94834 运行。按照传统，这颗行星将命名为 HD 94834 b。天文学家识别并测量遥远行星系统性质的背景知识与轨道运动的物理图景有关，而这也是下一节的主题。

2.2 考虑每个作用力

从内部观察太阳系时，即使忽略行星围绕太阳运行这一事实，也依然能够探测到它们并研究它们的物理结构。事实上，几千年来，人类在研究夜空中这些游荡的天体时，对太阳系行星与太阳之间存在的引力作用几乎一无所知。行星是明亮而且不会闪烁的天体，在一年中按照不同的方式移动，这与恒星可预测的运动形成了鲜明对比。

要找到围绕其他恒星运行的行星，关键是要正确理解恒星与其行星之间的关系。和太阳系中的行星一样，系外行星与其宿主恒星之间存在引力作用，在它们围绕恒星运行时，

会以不同方式影响恒星发出的光，这取决于该行星系统相对
于观察者的几何构型。最普遍的效应或许是行星对其恒星的
引力拖曳。

　　大多数上过基础物理课程的人都知道，恒星对行星的引
力使行星保持在轨道上。可严格地说，行星围绕静止的恒星
运行这个图景并不正确。毕竟牛顿已经指出，每个作用力都
伴随着大小相等而方向相反的反作用力。恒星对行星施加引
力令后者保持在轨道上，而行星也会用与恒星引力等大反向
的力拖曳该恒星。不过，因为行星质量远小于恒星质量，又
因为力等于物体质量乘以其加速度（$\vec{F}_{\text{net}} = m\vec{a}$），而恒星质量
很大，所以它的加速度非常小。

　　在以下几部分内容中，我将基于简化的圆轨道假设，推
导出恒星运动的幅度，讨论我们观测到的恒星运动性质与行
星系统物理性质之间的标度关系，并简要概述高精度测量恒
星速度的方法。

2.2.1　圆轨道的视向速度变化

　　17 世纪著名的天文学家约翰内斯·开普勒发现，太阳
系中的行星都在椭圆（偏心）轨道上运动。不过，首先考
虑圆轨道（偏心率 $e = 0$）的特殊情况会很有意义，因为这
个例子包含了轨道运动的大部分物理基础。之后，我们将

重新分析导出的圆轨道运动公式，并引入偏心率非零时的修正。

可以考虑从系统上方，即沿极向观察位于圆轨道上的恒星及其行星（见图 2.2）。恒星和行星将位于一条直线上，其速度与该直线垂直。恒星和行星方向相反的引力得以平衡的

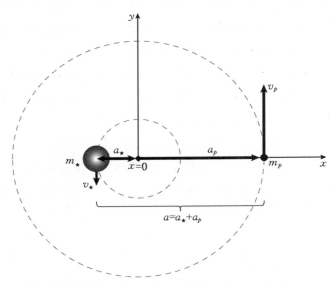

图 2.2（a） 沿极向观测的恒星-行星轨道系统。恒星和行星围绕它们共同的质量中心（或者说质心）运动，质心位置为 $x=0$，此处 x 轴从左指向右。行星与质心的距离为 $x=a_p$，而恒星与质心的距离是 $a_\star$。定义平均半长轴 $a=a_\star+a_p$。半长轴之间存在关系 $a_\star=(m_p/M_\star)$ a_p，而星体速度也与它们的质量比有关，即 $v_\star=(m_p/M_\star)v_p$。

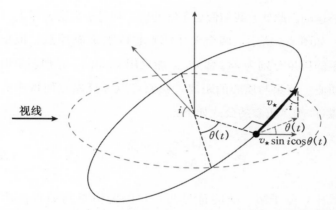

图 2.2 （b） 恒星轨道的示意图。与图 2.2 （a）不同，这里我们是在沿着空间中某个任意方向观察恒星的圆轨道，它在视线方向上的倾斜角 i 不为零。对于极向轨道来说 $i=0°$，而对于侧向轨道则有 $i=90°$。星体速度的视向分量由速度矢量 $\vec{v}_\star$ 和从观测者（位于左侧）指向轨道质心的单位矢量的内积给出，测得的视向速度为 $v_{\rm rad}=v_\star \sin i \cos\theta$ (t)。速度为正意味着远离观察者运动，速度为负则意味着朝观察者运动。在 θ （$t=0$）$=1$① 时有最大速度 $K=v_\star \sin i$，这里的 K 就是最小质量为 $m_p \sin i$ 的行星产生的视向速度信号的振幅。如果 $i=0°$，那么 $\sin i=0$，于是恒星在视线方向上没有速度分量。

位置是系统的质量中心②，或者说是系统的质心。实际情况并不是行星围绕恒星运动，而是恒星及其行星围绕着它们共同的

---

① 似乎应改为 θ （$t=0$）$=0$ 或者 $\cos\theta$ （$t=0$）$=1$。——译者注

② 这个定义似乎不正确。在二体系统的质心处，一小质点所受两个物体的引力不会平衡，其合力会指向质量较大的那个物体。二体系统的质心位置由正文中公式 2.1 给出。——译者注

质心运动。此处，我们假设系统的质心相对于观察者静止。[①]

如图 2.2 所示，两个天体的质心位于 x 轴原点，恒星和行星的质量分别为 $M_\star$ 和 m_p。如果用 $a_\star$ 和 a_p 分别表示恒星与质心、行星与质心的距离，我们可以选择原点使得质心的位置 $\bar{x} \equiv 0$。质心的公式如下：

$$\bar{x} = \frac{-M_\star a_\star + m_p a_p}{M_\star + m_p} = 0 \qquad (2.1)$$

上式中，分子第一项的符号为负，因为恒星与原点的距离 $x_\star = -a_\star < \bar{x}$ 是负值，而行星与原点的距离 $a_p > \bar{x}$ 为正值。需要注意的是，这里的 $a_\star$ 和 a_p 表示的是位置，它与距离的单位相同，不应与加速度混淆，后者由相同的小写字母 a 表示。此外，我们定义了"平均半长轴"$a = a_\star + a_p$。当我们推导出开普勒第三定律的牛顿版本时，这个量将再次出现。

从公式 2.1 可以求出恒星的半长轴为

$$a_\star = \frac{m_p}{M_\star} a_p \qquad (2.2)$$

---

① 通常来说，系外行星系统的质心相对于太阳系和其他恒星会移动，因为银河系的恒星相互之间存在随机的自行。——作者注

这表明恒星与质心的距离正比于行星距离与行星-恒星质量比的乘积。因为行星质量远小于恒星质量（$m_p \ll M_\star$），所以$a_\star$远小于a_p。

a_p和$a_\star$之间的关系给出了行星与恒星速度之间的关系。注意：每经过一个轨道周期P，恒星和行星经过的路程为各自的轨道周长$2\pi a_\star$和$2\pi a_p$。因为速度等于运动的距离除以运动的时间，所以有

$$v_\star = \frac{2\pi a_\star}{P} = \frac{2\pi \left(\dfrac{m_p}{M_\star} a_p \right)}{P} = \frac{m_p}{M_\star} v_p \qquad (2.3)$$

这表明恒星和行星的速度也与质量比$m_p/M_\star$有关。因为比值$m_p/M_\star$很小，恒星速度会比行星速度慢得多。这应该与你的物理直觉一致：同样的力作用在大质量物体（恒星）上产生的加速度会比作用在小质量物体（行星）上产生的加速度小。此外，也应注意$m_p v_p = M_\star v_\star$，这表明恒星和行星的动量大小相等。因为系统动量守恒，所以在质心参考系观察轨道系统时不难想到这一点。

所得的恒星和行星速度表达式很有用，因为恒星-行星引力系统可被视为"位力平衡系统"。只要系统在某段相比于轨道周期来说足够长的时间内其形状（惯性矩）不变，它就可以用各部分的平均动能和势能充分描述。动能由天体的速度

和受引力约束的天体质量来表示，而势能与天体质量和两天体间距有关。因为二体轨道的时间平均、形状恒定（稳定的多体轨道亦如此），所以轨道满足位力平衡系统的条件。从系统能量出发，我们可以找到周期、半长轴和星体质量之间的关系。在推导该关系的诸多方法中，我发现以下推导非常直观和简单。另外，熟悉位力定理有助于解决很多天体物理学问题。

位力定理称，任意时刻位力平衡系统的动能 K 都是令系统结合在一起的势能 U 的一半，或者写成

$$K = -\frac{1}{2}U$$

$$\frac{1}{2}m_p v_p^2 = -\frac{1}{2}\left(-\frac{Gm_p M_\star}{a}\right) \tag{2.4}$$

因为 $m_p \ll M_\star$ 且 $a_p \gg a_\star$，此处我用 a_p 代替了 a，可以解出 v_p 为

$$v_p = \sqrt{\frac{GM_\star}{a}} \tag{2.5}$$

值得指出的是，该表达式也可通过令向心加速度 v_p^2/a 等于单位质量所受的引力 $GM_\star/a^2$ 而得到。

将 $v_p = (M_\star/m_p)\, v_\star$ 和 $v_\star = 2\pi a_\star/P$ 代入公式 2.5，

再作些代数处理就可得

$$P^2 = \frac{4\pi^2 a^3}{GM_\star} \tag{2.6}$$

在恒星质量远大于行星质量（$M_\star + m_p \approx M_\star$）的前提下，上述关系等价于牛顿版本的开普勒行星运动第三定律。如果周期 P 以年为单位，半长轴 a 以天文单位为单位，并令恒星的质量等于太阳质量（$M_\star = 1M_\odot$），那么我们就可以得到原始的开普勒第三定律

$$P^2 \propto a^3 \tag{2.7}$$

现在，我们已经得到了理解行星轨道运动对恒星运动的影响所需的全部线索。我们已经知道了恒星和行星的速度满足的关系（公式 2.3），还算出了体系周期、半长轴和质量之间的关系。这里的质量主要是中心恒星的质量 $M_\star \gg m_p$，且有 $a_p = a$（公式 2.6）。

那就让我们从公式 2.5 中行星轨道速度的表达式开始，把这些都整合在一起。行星速度与恒星速度可通过质量比联系起来，于是有

$$v_\star \left(\frac{M_\star}{m_p} \right) = \left(\frac{GM_\star}{a} \right)^{1/2} \tag{2.8}$$

既然半长轴 a 不是视向速度技术中的可观测量，我们可以用开普勒第三定律将 a 替换为行星的轨道周期 P 和恒星质量 $M_\star$。作些代数计算后，恒星速度即可写成四个量的简单乘积，其中一个量包含若干不同的常数，另外三个则与系统的物理性质有关：

$$v_\star = (2\pi G)^{1/3} M_\star^{-2/3} P^{-1/3} m_p \qquad (2.9)$$

如果我们分别用太阳质量（$M_\odot$）、年和木星质量（$M_木$）作单位来表示恒星质量、轨道周期和行星质量，就可以得到下面这个有用的定量关系

$$v_\star = [28.4 \text{ m/s}]\left(\frac{M_\star}{M_\odot}\right)^{-2/3}\left(\frac{P}{[年]}\right)^{-1/3}\left(\frac{m_p}{M_木}\right) \quad (2.10)$$

这便意味着，如果有颗木星质量的行星在周期为一年的轨道上绕太阳质量的恒星运行，那么恒星将以 28.4 米/秒的速度运动。换个角度来看，1 米/秒大约为 2.2 英里/时，这就是说一颗木星大小的行星在公转周期为一年的轨道上运动，会导致恒星以 62.5 英里/时（28.4 米/秒）的速度移动。这对一辆车来说已经相当快了，但是按照天体物理的标准来说实在太慢。例如，太阳就以 486 000 英里/时（约 220 千米/秒）的速度绕银河系中心运行，而这也是银河系恒星的典型速度。

行星只能给大部分恒星的运动造成微乎其微的变化。

我们也可以用轨道半长轴 a 这个更具有物理意义的量，而不是周期 P 来表示恒星的速度，即利用开普勒第三定律代替 P 来实现，其结果是

$$v_\star = [28.4 \text{ m/s}] \left(\frac{M_\star}{M_\odot}\right)^{-1/2} \left(\frac{a}{1 \text{ AU}}\right)^{-1/2} \left(\frac{m_p}{M_\ast}\right) \quad (2.11)$$

如果我们用地球质量作为 m_p 的单位，那么等号右侧最前面的系数将会小得多。木星质量大约是地球质量的 318 倍，因此 $v_\star$ 会变为原来的 1/318，亦即大约 9 厘米/秒。停下来想想每秒 9 厘米这个速度吧。打印纸的宽度约为 20 厘米，若你花个两秒钟用手指从纸的这边划到另一边，那么它就是太阳这个直径为地球直径 100 倍的巨大气体球由于地球引力拖曳而运动的速度。而为了在离恒星 1 天文单位之外找到一个地球质量的行星，天文学家必须想方设法在几十乃至上百光年之外，探测出这个气体球低至 10 厘米/秒的运动。

在整个推导过程中，均假设我们沿侧向观察行星的轨道，因此恒星速度在视线方向的分量，或者说它的视向速度 v_{rad} 处于最大值。然而，不妨想象行星轨道平面与天球面平行的情形，此时我们是在"上方"——或者说是沿极向而不是沿侧向——观察行星系。在这种情况下，行星和

恒星的运动总是垂直于我们的视线，而我们在视线方向也探测不到运动。这是因为我们只能看到恒星的速度矢量在视线方向的投影，而正向轨道上的恒星没有朝向我们或远离我们的运动分量。

如果某恒星有颗木星质量的行星绕其公转，其轨道周期为一年，那么在远处沿侧向观察时，恒星在视线方向上的最大速度 $K \equiv \max(v_\star)$ 为 28.4 米/秒。可观察量 K 通常称为轨道视向速度的"半振幅"。从公式 2.10 中可以看出，K 正比于行星质量：$K \propto m_p$。然而我们通常不知道轨道倾角，因此 $\sin i$ 会使行星的表观质量下降。换言之，从振幅推断出的质量 m_p 表示的是行星的**最小质量**，记为 $m_p \sin i$。如果轨道倾角较小，那么 $\sin i$ 也较小，这样行星的真实质量就比从 K 中测出的要大。

接下来，我们必须考虑恒星视向速度随时间的变化。前面的表达式给出了恒星的**速度**，或者相当于随时间变化的运动在视线方向上的振幅。但对于圆轨道来说，恒星速度在视线方向的分量将随着轨道运动以余弦波的形式变化

$$v_{\mathrm{rad}}(t) = K \cos\left[\theta(t) - \omega\right] \qquad (2.12)$$

这里的

$$\theta(t) = \frac{2\pi(t - T_p)}{P} \qquad (2.13)$$

我引入了两个与行星轨道位相有关的重要术语。第一个是 ω，即近星点幅角（argument of periastron），它描述了轨道相对于观察者的旋转。偏心轨道的近星点指的是行星与恒星距离最小的位置，而远星点则是恒星与行星之间距离最大的位置。[1]近星点幅角定义为轨道上的某个特殊点对应的 $\omega(t)$，在该点处，恒星与系统质心的连线与视线方向垂直，而且恒星的运动方向远离观察者[2]（见图 2.2）。圆轨道没有明确的近星点，因此 ω 可以取任意值，通常取为零。之后我们会看到，偏心轨道的 ω 可以不为零，因为拉长的轨道相对于观察者的视线可以旋转任意角度。

新引入的第二个术语是过近星点时刻 T_p。这一项给出了轨道的相位。即使我们已经对圆轨道规定了 $\omega = 0$，观测到的恒星视向速度的正弦变化仍具有随机性，不同的轨道系统将在不同时间达到最大视向速度。因为这个原因，T_p 对应的

---

[1] 为便于记忆，我将"peri"视为我想与之亲近的朋友（friend），而"apastron"以"a"开头，象征着离开（away）。——作者注

[2] 这里的特殊点即为轨道的升交点，近星点幅角即为沿着运动方向测量时升交点与近星点的角间距，参见书末的术语表。而此处的 $\omega(t)$ 意义不明，可能指的是前面的 $\theta(t)$。——译者注

是行星经过近星点的时刻。

　　相邻峰值的时间间隔给出了轨道周期 P，再结合信号的振幅 K，即可利用公式 2.10 测出行星的最小质量 $m_p \sin i$ 除以恒星质量 2/3 次幂的商，或者写成 $m_p M_\star^{-2/3}$。因此，为了估计行星的最小质量，我们需要知道恒星的质量。这正是本书中反复出现的主题：想要了解行星的物理性质，必须先了解它们绕之运行的恒星的物理性质。

2.3　偏心轨道

　　为了保持直观和易于理解，到目前为止，我在推导伴有行星的恒星的视向速度时，均忽略了偏心率的影响。这样做是为了掌握该问题的基本原理，但正如开普勒第一定律所述：行星沿着椭圆轨道运动。虽然太阳系除了水星轨道的 $e = 0.205\,6$ 之外，大多数行星轨道的形状接近圆形、偏心率 $e < 0.1$，但是人们发现系外行星轨道偏心率的变化范围很广，从近乎圆形的轨道到 $e = 0.934$（HD 80606 b）的彗星状轨道都有[2]。

　　开始考虑轨道偏心率 e 之后，需要修改多普勒振幅 K 的公式，即引入包含 e 的复杂修正项：

$$v_\star = [28.4 \text{ m/s}] \left(\frac{M_\star}{M_\odot}\right)^{-2/3} \left(\frac{P}{[\text{年}]}\right)^{-1/3} \times \left(\frac{m_p \sin i}{M_\star}\right) (1 - e^2)^{-1/2}$$

$$(2.14)$$

恒星视向速度 v_{rad} 随时间变化的关系由下式给出：

$$v_{\text{rad}}(t) = K(\cos[\theta(t) - \omega] + e \cos \omega) \qquad (2.15)$$

然而，在偏心轨道中，$\theta(t)$ 并不会随时间线性变化。事实上，$\theta(t)$ 与 $E(t)$ ——偏近点角（eccentric anomaly）这个新变量有以下关系：

$$\tan \frac{\theta(t)}{2} = \left(\frac{1+e}{1-e}\right)^{1/2} \tan \frac{E(t)}{2} \qquad (2.16)$$

当 $e = 0$ 时，公式 2.16 就退化为 $\cos E(t) = \cos \theta(t)$，也就等价于 $E(t) = \theta(t)$。此处的 $\theta(t)$ 由公式 2.13 给出，它包含了过近星点时刻 T_p 和近星点幅角 ω。

对应于任意偏心率 e 和时刻 t 的偏近点角，可由如下超越方程解出：

$$E(t) = e \sin E(t) + \frac{2\pi(t - T_p)}{P} \qquad (2.17)$$

到这一步之后，我们为什么要先推导简单得多的圆轨道情形的理由就应该很清晰了。严格的推导需要考虑偏心率，而推导过程中涉及的几何和代数比其物理本质更多。在实践中，求解恒星速度作为时间的函数可利用如下算法来实现：

- 从初始时刻 t_0 开始，通过牛顿-拉夫逊算法等迭代法求出方程 2.17 的数值解，得到 $E(t_0)$。
- 将 e 和 $E(t_0)$ 代入公式 2.16，求出 $\theta(t_0)$。
- 根据公式 2.15，由 $\theta(t_0)$ 算出 $v_{\text{rad}}(t_0)$。
- 对新的时刻 $t_1 = t_0 + \Delta t$ 重复以上过程，这里 Δt 是时间步长，它相对于轨道周期来说是小量。

由于需要求解超越方程，开普勒轨道的计算速度相当慢。每隔十年左右，就有人提出一种用于求解开普勒方程的改进方法，这使得人们能够更有效地模拟 N 体引力问题[3]，并通过将方程部分线性化[4] 或者使用新的计算硬件[5] 来更快地拟合视向速度时间序列。

图 2.3 给出了具有不同偏心率 e 与不同相位（ω 和 T_p）的轨道示例。每幅子图均绘出了沿极向观察时行星轨道的示意图，相应的假想观察者在页面底部某个有利位置观察该行星系统。从这个有利位置看过去，假想观察者将沿侧向看到轨道。每幅子图左侧的竖直点线代表 $t = 0$ 的时刻。不同的 ω 值会使轨道相对于观察者旋转。

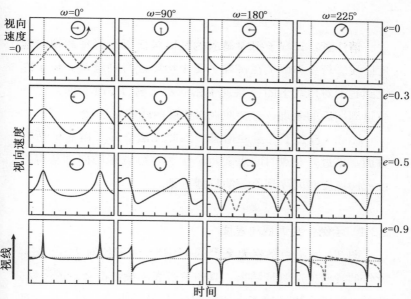

图 2.3 偏心率 e 和近星点幅角 ω 的变化对恒星视向速度影响的示意图

　　各子图上方的小轨道是行星轨道运动的示意图，其周期为 P（单位和大小任意），偏心率为 e，取向为 ω，相位为 T_p。每幅轨道示意图中的灰线表示系统相对于视线的角度 ω（图中每列子图的最上方也标出了相应的幅角 ω）。各子图中实线显示的视向速度变化对应于恒星的视向运动（不是行星的，它已在前面给出）。请注意：产生视向速度信号的恒星轨道运动与行星运动的符号相反，这对应于 π 的相位差。$t = 0$ 和 $t = P$ 时刻用竖直点线标出。灰色虚曲线是过近星点时刻变为 $T_p = P/4$ 时的视向速度信号，它显示了 T_p 如何影响周期性变化的视向速度的相位。每行各子图的轨道偏心率 e 相同，且标注于图右侧；而每列各子图的轨道对应相同的近星点幅角 ω，后者标注于图上方。前三行绘出了行星绕中心恒星（灰色小圆，未按比例绘制）运动的轨道取向和形状，相应的观察方向是从页面底部往上观察轨道。

请注意：每幅子图中显示的是恒星而不是行星的视向速度曲线。行星和恒星在每幅子图中均作逆时针运动。位于左上到右下对角线上的一系列子图展示了将 T_p 改变四分之一轨道周期后的效果，这会使视向速度曲线向右移动。

图 2.3 包含了大量的信息，因此无法立即了解它的所有方面。不过，花点时间想透每个示例，可以帮助同学获得判读视向速度时间序列所需的物理直觉。

2.3.1 示例：判读视向速度

图 2.1 所示为凯克天文台的 HIRES 光谱仪对 HD 94834 所作的视向速度测量结果，其中虚线表示最佳拟合轨道模型。我们可以通过测量相邻峰值之间的距离来估计周期，也就是 $P \approx 4.3$ 年。多普勒振幅 K 是从视向速度等于 0 到最大值的距离，这里 $K \approx 20$ m/s。假设轨道为圆轨道，并估计恒星质量为 $M_\star = 1.3 M_\odot$，我们即可根据公式 2.10 来估计 $m_p \sin i$：

$$\frac{m_p \sin i}{M_木} = \left(\frac{K}{28.4 \text{ m/s}}\right)\left(\frac{M_\star}{M_\odot}\right)^{2/3}\left(\frac{P}{[年]}\right)^{1/3}$$

$$m_p \sin i = \left(\frac{20}{28.4}\right)(1.3)^{2/3}(4.3)^{1/3} \approx 1.4 M_木 \qquad (2.18)$$

利用开普勒第三定律（公式 2.6），我们还可以求出行星的轨道半长轴：

$$a = \left(\frac{GM_\star}{4\pi^2}\right)^{1/3} P^{2/3} = [1 \text{ AU}] \left(\frac{M_\star}{M_\odot}\right)^{1/3} \left(\frac{P}{[1 \text{ 年}]}\right)^{2/3}$$

$$= (1.3)^{1/3} (4.3)^{2/3} \text{AU} \approx 2.9 \text{ AU} \tag{2.19}$$

2.4 精确测量视向速度

天文学家利用恒星移动时星光的多普勒频移来测量恒星的速度。在日常生活中，例如在一辆车接近、经过然后离开我们的全过程中，我们也会遇到多普勒效应。一开始，发动机的音调较高；而在它经过并驶离我们时，音调则逐渐降低。这是因为当汽车接近我们时声波会被压缩，而当它远去时声波则会拉伸开来。又因为光线也可以用波来描述，所以多普勒效应会使光波在恒星向地球移动时被压缩（"蓝移"），而在恒星远离地球时被拉伸（"红移"）。

虽然在大部分插图中通常都这么描述，但是利用多普勒技术来寻找：行星并不是说在恒星沿着不同方向运动时先寻找蓝光，然后寻找红光。任何时候，恒星辐射能分布的一阶近似都是辐射，或者称普朗克分布，它只与恒星表面温度有关。然而，检查恒星光谱会发现：它与完美而光滑的黑体辐射存在偏离。这些偏离源于恒星大气中的原子和分子对光子的吸收和发射，而这些"线"的位置则包含了恒星运动的信息。

恒星吸收谱线的中心对应了恒星大气中原子和分子的量

子能级，而光子在离开恒星的过程中会遇到各种各样的原子和分子。如果光子的波长对应于某原子或分子不同量子态的能量差，那么光子就可以被吸收，因此每条吸收谱线都有明确的中心波长①。如果恒星相对我们存在运动，我们就会看到吸收谱线波长因多普勒效应发生的变化。

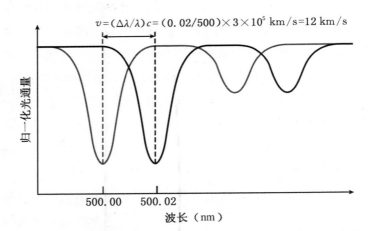

$v = (\Delta\lambda/\lambda)c = (0.02/500) \times 3 \times 10^5 \text{ km/s} = 12 \text{ km/s}$

图2.4 静止恒星的光谱（灰色）和发生多普勒频移后的光谱（黑色）。两条光谱的波长相差 $\Delta\lambda = 0.02$ nm，该谱线的中心原来位于 $\lambda = 500$ nm。谱线波长的变化量与原来波长的比值乘以光速（$c \approx 3 \times 10^5$ km/s），即为恒星的速度。本例中出现多普勒频移的原因是恒星的速度改变了12千米/秒。

---

① 吸收谱线具有宽度，这是因为存在各种谱线展宽机制。对大多数恒星来说，主要的展宽原因是恒星的自转，以及恒星大气中冷热气体的运动。——作者注

恒星的吸收谱线可以用光谱仪观察，它能测量恒星在某个窄波长区间内的光通量。用来探测行星的典型光谱仪的波长测量间隔约为 0.6 纳米。看起来似乎很小，不过我们可以想想：轨道周期为一年，体积和木星相当的行星会使典型吸收谱线的波长改变多少。多普勒频移量 z 由下式给出

$$z = \frac{\Delta\lambda}{\lambda_0} = \frac{v_\star}{c} \tag{2.20}$$

式中 $c = 3 \times 10^8$ m/s 为光速，λ_0 是正常情况下恒星吸收谱线的波长，此处它偏移了 $\Delta\lambda$。这里，我假设恒星速度相对光速来说可以忽略不计（$v_\star \ll c$）。

恒星移动速度约为 $v_\star = 30$ m/s，于是正常情况下位于 $\lambda = 600$ nm 的谱线会偏移 $\Delta\lambda = 6 \times 10^{-5}$ nm。这比典型的光谱仪单个探测元件对应的波长大约小了 10^5 倍或者 10 000 倍。[1] 好在恒星光谱数千条谱线中的每一条都包含了完全相同的多普勒频移，通过测定所有这些谱线的平均偏移量，天文学家就可以利用现有仪器在几天之内达到探测几倍于地球质量的行星所需的精度。未来的仪器，其灵敏度将会更高。

然而，实现这么高的精确度并不容易。天文学家不仅要

---

[1] 根据上一段的分析，谱仪的分辨能力为 0.6 纳米，因此这里的 10^5 倍应当改为 10^4 倍。——译者注

测量波长改变量 $\Delta\lambda$，而且它必须是相对于参考波长 λ_0 测得的改变量。因此，高精度视向速度测量靠的是光谱仪中不同波长与像素的精确对应。光谱仪是一种复杂的光学仪器，而它本质上是个分光棱镜，在光路末端有个简单的电荷耦合器件（charge-coupled device，CCD），恒星光谱在 CCD 上记录下来以供日后分析。CCD 类似于商用数码相机中的探测器，它包括一套小（小于 15 微米）像素栅格。不同波长的光会到达不同像素处，而挨得很近的一对吸收谱线只有在其间距大于元件分辨率时，才能分辨为两根单线。

首要的问题在于，光谱仪是一个移动平台。光谱仪周围环境温度的变化能使光学元件的位置改变不到一个波长，气压的变化能改变光学元件附近空气的折射率，而振动能改变探测器相对于光路的位置。所有这些效应都改变了光谱仪内不同波长与像素的对应关系。这些波长对应关系的变化很容易被误认为是每秒几千米的多普勒频移，足以掩盖行星引起的比这小得多的频移。

一种减少这些伪多普勒频移的方法是将本地产生的吸收光谱叠加到恒星光谱上，这可以通过在光谱仪入口处放置一个装有分子气体的透明派莱克斯玻璃盒来实现。由于气体盒不运动，其狭窄的分子吸收谱线可以作为稳定的参照来把波长与像素对应起来，进而能以此为背景，高精度地测量恒星

吸收谱线的移动。虽然光谱仪的光学元件可能整夜都在移动，但气体盒产生的谱线位置仍然固定在相应波长上。这就是用于凯克天文台 HIRES 光谱仪上的技术。

另一种测量高精度视向速度的方法是确保仪器不移动。吸收池技术是通用光谱仪固有不稳定性的事后处理方案中最常用的一种。然而，如果是专门为了精确测量视向速度而建造一台光谱仪，那么在设计时就可以特意考虑到稳定性。这种稳定平台方法用在了高精度视向速度行星搜寻（High-Accuracy Radial-velocity Planet Search，HARPS）光谱仪上。HARPS 光谱仪装在望远镜下方，它被封闭在温度和压力可控的环境中。波长标度用一盏发光波长分立且已知的灯定期检查。因为 HARPS 固有的稳定性，其波长标度可以整晚保持不变。对于那些需要尽可能高精度的恒星，可以用单独的光缆在记录恒星光谱的同时发出校准光。

2.5　恒星颤动

即便有了完美的仪器，对低质量行星的探测也会因恒星的不稳定性而变得复杂。虽然恒星可以被视作球形黑体，但实际上它们是没有实在表面的大气体球。恒星的"表面"叫作光球层，它标志了恒星内部区域的半径。对于出射光子来说，在光球层内外两侧，恒星的气体从不透明到半透明转变。

被称为光球层的这个伪表面会被它下方翻滚着的对流气团剧烈搅动，而上升的对流气团会使恒星以自然振动模式振动，它表现为恒星表面速度存在周期性的变化。由于我们无法分辨恒星表面的不同区域，所有这些推挤最终会产生视向速度噪声，它在本质上来源于天体物理学而不是测量仪器。这种天体物理学噪声称为"恒星颤动"。

除了恒星内部的噪声源之外，恒星表面的亮度也并不均匀。相反，类似太阳的恒星[①]表面存在暗的星斑，而明亮区域叫作谱斑，还存在偶尔出现的耀斑。恒星近似于球体，在观察者看来，它们在天球上的投影是一个圆盘。又因为恒星存在自转，其一半表面会朝向观察者运动，而另一半表面则远离观察者。对于没有斑点的恒星表面来说，自转的净效果是恒星一半区域红移而另一半蓝移，它们会抵消，因而不会产生净表观速度。可这样一来，恒星的吸收谱线也会因为恒星表面两部分的红移和蓝移而展宽。

恒星表面的斑点则会打破这一平衡，进而使整个恒星表面和吸收谱线具有非零的净速度。举例来说，恒星蓝移半球上的斑点会导致净红移；而随着恒星旋转，当该光点来到恒

[①] 此处后，本书中"类似太阳的恒星"均作"类太阳恒星"，"类似地球的行星"均作"类地行星"。——译者注

星的红移半球时，净频移将变为蓝移。恒星表面速度的这种变化可能会被误认为是行星的多普勒信号，其轨道周期等于恒星的自转周期。

处理颤动的第一种方法是直接将它视为额外的噪声源。虽说导致伪视向速度的过程产生了与时间相关的信号，但是通常情况下望远镜的时间安排难以预料，如果只是零星地采集了几个信号，那么颤动看起来会像随机散点。对于性质已知的恒星，不同的定标方法可以指明预期存在多大程度的颤动。当恒星处于方照位置时，预期的颤动幅度可以简单加到视向速度测量结果的不确定度中，进而使每个数据点的误差棒拉长。

处理颤动更好的方法是使用物理模型来拟合颤动信号和来自行星的信号。不过，只有当颤动"信号"具有足够的时间分辨率时，才能使用这种方法，这需要在颤动的典型时间尺度内开展密集测量以观测到颤动及其变化过程。举例来说，星斑引起的颤动会在恒星自转周期的时间尺度上调制恒星的视向速度信号。对于类太阳恒星来说，自转的时间尺度是几十天（太阳为 24 天）。这种星斑所引起颤动的另一个特点是，相比于来自行星的恒定信号来说，它很短暂，这是因为星斑出现和消失的时间通常为几个月。因此，如果能连续几个月坚持每晚采集恒星的视向速度信号，原则上就可以看到星斑调制的振荡，看到它逐渐增强和衰减的过程，以及隐藏在它背后、源自行星的永久信号。读者若想了解更多有关此方法的信息，我建议参阅沙维尔·杜穆斯克及其合作者的成果[6]，他们通过高频次观测 α Cen B 探测到了一颗最小质量（$M p \sin i$）接近地球质量的（候选）行星，其多普勒信号比恒星的颤动还弱。

2.6　设计多普勒巡天时的考虑

在前面的几节中，我给出了行星拖曳其恒星进而在恒星光谱中产生多普勒频移的基本物理图像。我还证明了预期信号相当小，但仍可用现代光谱仪测量。在本节中，我将举例说明如何设计巡天方法来搜寻两类行星。第一类是被称为"热木星"的近距离气体巨行星，它们是最容易利用多普勒技术探测到的行星，然而人们只在约 1% 的恒星周围发现了热木星。因此，为了找到足够多的行星，所用的巡天方法必须最大限度地提高所搜寻的恒星数。

第二类主要是在恒星宜居带的、地球质量的行星。与热木星相比，地球大小的行星在整个银河系中非常普遍。不过，因为多普勒振幅与行星质量成正比，而与轨道半长轴成反比（$K \propto a^{-1/2} m_p \sin i$），这些行星的信号会比热木星引起的多普勒变化小几个数量级。因此，这类巡天必须以完全不同于寻找更大质量行星的方式来进行优化。

2.6.1 示例一：寻找热木星

根据公式 2.10，木星质量的行星以一年为周期围绕类太阳恒星运动，会产生振幅 $K \approx 30$ m/s 的信号。热木星的轨道离恒星要近得多，其周期约为 3 天，而非 365 天。由于振幅正比于 $P^{-1/3}$，因此热木星的信号是木星在 1 天文单位处产生信号的 $(P_{热木}/P_{AU})^{-1/3} = (3/365)^{-1/3} \approx 5$ 倍，或者说其振幅 $K \approx 150$ m/s。

因为现代分光计通常能以 3 m/s 的精度测量恒星的视向速度，所以处于中年（>10 亿年）、类似太阳、拥有热木星的恒星很容易与没有热木星的恒星区分开来。即使只测量 3—4 次视向速度，有热木星的恒星视向速度值看起来分散程度也比孤立恒星要大得多。这意味着如果要确认可能有热木星的恒星，只用测几次视向速度就足够了。

黛布拉·费希尔在她的"下一批两千颗恒星"（Next 2000 stars，N2K）巡天计划中首次提出了这种"快速观察"策略。[7] 她和她的团队通过合理安排望远镜时间而观测了一大批恒星。具体来说，他们作了几轮连续三个晚上的观测，并每晚观察目标恒星一次。N2K 团队计算了每颗恒星连续三个视向速度值的标准差 σ_V，如图 2.5（a）所示。此后，再密集观测 σ_{RV} 大于某个阈值的恒星，以确定候选行星的轨道。最后一步通常需要再进行 10—15 次视向速度测量。N2K 巡天计划发现了 17 颗木星质量的系外行星，之后发现其中两颗凌星（掩食）过它们的宿主恒星，这就证明了快速观察巡天策略的有效性。图 2.5（b）展示了一颗行星的视向速度时间序列，当我还是 N2K 团队中的研究生时，我协助探测并报告了这颗行星。

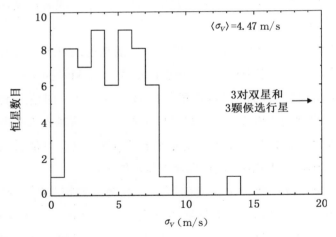

图 2.5（a）
　　凯克天文台 N2K 巡天中得到的各恒星 σ_V 的分布。σ_V 是每颗目标恒星最初 3—4 次视向速度测量结果的标准差。视向速度标准差的平均值只有 4.47 m/s，这表明所观测的大多数恒星没有木星质量的行星。样本中，有些恒星的 σ_V 相当高，此后又对这些恒星作了 10—15 次视向速度测量以确认并表征其行星轨道。

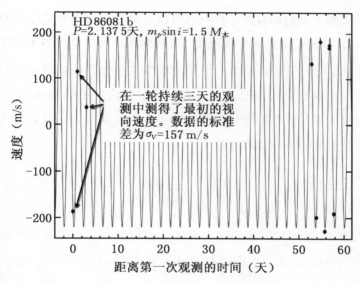

在一轮持续三天的观测中测得了最初的视向速度。数据的标准差为 $\sigma_v=157$ m/s

图 2.5（b）

N2K 团队发现的一例热木星。其最初三点的标准差为 $\sigma_v = 157$ m/s，表明存在一颗候选行星。此后确认了该行星，并以 HD 86081 b 的命名公布[8]。

2.6.2　示例二：寻找宜居带中的行星

恒星的宜居带（habitable zone，HZ）指的是使行星的平衡温度适合液态水在其表面存在的轨道半长轴范围。宜居性的细节复杂多变，说实话这个话题值得专门为它写一本书，我建议去读一读吉姆·卡斯丁的《如何找到宜居行星》[9]。

为了我们的目的，我们可以将宜居带考虑为轨道半长轴 a_{HZ}，它由行星的热平衡温度 T_{eq} 来刻画，而行星围绕不同质量 $M_\star$ 的恒星运动。当行星从中心恒星接收到的能量等于行星以热辐射形式发射的能量时，行星就达到了热平衡温度。行星所在位置单位面积的吸收功率也称为通量 F，其量纲为单位时间单位面积的能量：

$$F_{in} = \frac{L_\star}{4\pi a^2} \tag{2.21}$$

式中 $L_\star$ 是恒星的发光度，或称总辐射功率。行星在昼半球一侧吸收能量，从恒星处来看，行星的投影面积为 πR_P^2。因此，行星在单位时间内吸收的能量为面积×吸收通量＝ $4L_\star(R_P/a_{HZ})^2$[①]。这里，我忽略了行星表面的反射光。

行星可以近似成温度为 T_{eq} 的黑体，因此它整个表面都会发出辐射，其球面面积为 $4\pi R_P^2$。黑体表面的辐射通量是 $F_{out} = \sigma T^4$，这里 σ 是斯特藩-玻尔兹曼常数。输出功率为表面积×辐射通量＝ $4\pi R_P^2 \sigma T_{eq}^4$。令输入和输出功率相等即可解出 a_{HZ}

---

① 此处等号右侧的系数或应作1/4，而非4。——译者注

$$a_{HZ} = \left(\frac{L_\star}{\pi\sigma T_{eq}^4}\right)^{1/2} \qquad (2.22)①$$

由于宜居带由常数 T_{eq} 刻画，因此位置 a_{HZ} 仅仅依赖于恒星发光度 $L_\star$。对于类太阳恒星，其发光度和质量之间有着很好的近似关系 $L_\star \sim M_\star^4$，这样就有

$$a_{HZ}(M_\star) \sim M_\star^2 \qquad (2.23)$$

地球位于太阳的宜居带中，$a_{HZ}(M_\star = M_\odot) = 1\ \text{AU}$。质量为太阳质量 70% 的恒星的宜居带半径为 $a_{HZ} = 0.7^2 \approx 0.5\ \text{AU}$。

我们现在即可利用公式 2.11 推导出宜居带行星的速度振幅 K_{HZ}，其结果为

$$K_{HZ}(M_\star) \sim M_\star^{-3/2} m_p \sin i \qquad (2.24)$$

该结果表明，如果给定宜居带中的行星质量，可以预计质量较低的恒星有着最强的多普勒信号，这是因为振幅与 $M_\star$ 呈负相关。例如，地球大小的行星在宜居带绕质量为 $M_\star = 0.3 M_\odot$ 的红矮星运行时，相应的多普勒振幅是同样的行星在类

① 由于此前计算输入功率时系数存疑，因此该公式也应相应修改为 $a_{HZ} = \frac{1}{4}(L_\star/\pi\sigma T_{eq}^4)^{1/2}$。——译者注

太阳恒星宜居带中振幅的 6 倍，或者说其振幅 $K_{HZ} \approx 55$ cm/s，而地球绕太阳运动的振幅仅为 9 厘米/秒。当然，我们对宜居带位置的计算包括几个隐含的、简化的假设，更全面的处理需要考虑恒星光谱能量分布对行星温度的影响。[10—11]然而这一简单推导表明，在制定寻找宜居带行星的计划时，恒星质量无疑是重要的考虑因素。

2.7 结束语

在这一章中，我们研究了行星如何通过对宿主恒星的引力拖曳来彰显它们的存在，因为这样会使得恒星沿我们的视线方向来回移动。天文学家可以使用光谱仪跟踪恒星吸收谱线的多普勒频移来监测恒星的速度，进而探测到这种运动。由于视向速度变化的振幅满足 $K \propto a^{-1/2}$，而且该方法要求行星轨道周期短于观测时间，因此多普勒技术对近距离行星最为敏感。目前工作时间最长的多普勒巡天大约是 20 年，轨道周期最长、测量精度最高的行星是 55 Cnc d，它的周期 $P = 13.44 \pm 0.08$ 年。

利用多普勒技术探测到的大多数行星，其周期都不到一年。事实上，其中周期最短的行星之一也围绕恒星 55 Cnc 运行。55 Cnc e 这颗行星的周期只有 17.76 个小时！它的质量

是 $m_p = 8.3M_\oplus$，而且该测量结果很准确，因为我们知道它轨道倾角的精确值 $i = 83.4^{+1.5}_{-1.7}$ 度。我们之所以知道它的轨道倾角，是因为从地球上看，这颗行星在中央恒星前方经过。这些行星凌星的细节则是下一章的主题。

第三章　看见行星的影子

> 利用多普勒效应，有可能不太费力地发现质量 10 倍于木星质量的行星，当然也可能会出现掩食。[1]
>
> ——奥托·斯特鲁韦（1952）

"哦，不！发生什么事了？星星在哪里？"那是 2008 年的一个夏夜，我正坐在夏威夷大学 88 英寸（2.2 米）望远镜的控制台前。好吧，确切地说，我当时正在瓦胡岛美丽的马诺阿山谷里远程操作望远镜，此处海拔高度为零。望远镜位于冒纳凯亚山顶上，离凯克望远镜不远，而冒纳凯亚山所在的夏威夷主岛和瓦胡岛之间隔着两个岛屿。我和望远镜操作员通过远程连接进行了交谈，并感到非常沮丧。在尘埃落定（此处为字面意思）之后，操作员发现由于风太大，望远镜的圆顶已经自动移到了一个安全的位置。这一举动保护了精密的主镜免受风中沙尘的磨损，当时的风速高达 50 英里/时（约 80 千米/时）。

从逻辑上讲，我理解保护望远镜的重要性。但作为一名正试图在业内扬名的年轻观测天文学家，我当时正处于非常情绪化的状态。当时我唯一知道的是，我的目标恒星 WASP-10 已

经看不见了。三百多年前踏上前往地球之路的那些光子没有被 CCD 相机记录到，而是被望远镜的圆顶反射了回来。又一个观测夜没了，我只好回到白板跟前。

当我以新博士后的身份来到夏威夷大学天文学研究所时，我开始急于寻找新的研究方向。当我还是学生的时候，我的任务是为导师效劳，同时研究学位论文课题；而作为一名博士后，我的工作是开拓新的科学方向，并让自己成为独立的研究人员。这既是一个令人兴奋的机会，也是一个相当大的挑战。毫无疑问，能够独立做我想做的事很好，但如此一来也就失去了导师的指导。如果我走错了方向，该怎么办？如果我忽略了学术道路上某些明显的东西，又该如何是好？在新工作岗位待了几个月之后，我做出了决定。不去冒险就不会有任何收获，而就算做错了也不会比原地踏步更差。

我研究了与我的学位论文密切相关、主要涉及视向速度技术的几个方向，然后决定试着研究那些从地球上看过去会掩食（凌星）它们宿主恒星的行星。在上一章中，我们研究了恒星光谱会如何随其行星的引力拖曳而变化。在那种情况下，恒星光线的变化表现为其光谱中吸收谱线的多普勒频移。对于某些碰巧沿侧向观察的轨道，行星会从观察者和其宿主恒星之间经过，于是便遮挡了恒星的一小部分光线。通过重复测量一颗恒星的亮度，天文学家可以得出一条凌星光变曲线。凌星光变曲线的特征形状包含了与行星物理性质相关的信息，也有与轨道甚至恒星性质相关的信息。

从凌星事件中测量出行星的物理和轨道性质的能力，高度依赖于光变曲线的测光精度。测光精度建立于仪器（光度计）重复记录相同亮度水平的能力基础上，因此任何偏离了恒定亮度的现象都可认为源自某种实际的天体物理效应，而不是仪器因素或地球大气层的影响。当我还是伯克利分校的学生时，我曾经尝试过观察凌星光变曲线。当时我用的是利克天文台（Lick Observatory）口径 1 米的尼克尔望远镜，它位于北加利福尼亚州哈密尔顿山的山顶。虽然按照当时的标准，我所能达到的精度已经很高了——大约千分之一，或者说约 1 mmag（毫星等）。[2]但我仍然有一个问题："为什么没有人能比这个精度做得更高呢？"

这个特别的故事最终以我的发现结束：确实有方法可以比之前的结果做得更好。我的方案需要理解光变曲线背后的物理，这反过来刺激了获得更高精度的需求，并帮助我确定了有助于实现该目标的重要因素。图 3.3 所示即为在我追求更高精度的过程中得到的一条凌星光变曲线，其精度优于 0.5 mmag，已经是当时的最佳记录了。然而，时至今日，我们已经可以常常看到具有这种精度，甚至精度再高几个量级的光变曲线，它们来自美国国家航空航天局开普勒太空望远镜

发现的行星。在太空中观察，可以规避地球大气的不利影响，从而获得超高精度。开普勒太空望远镜开辟了发现系外行星的新领域，并为在其他恒星周围寻找类地行星铺平了道路。

在下文中，我们将研究凌星光变曲线的细节，并讨论如何利用凌星来发现和表征行星系统。在这个过程中，我们将回顾我测量 WASP-10 行星系统精细凌星光变曲线的步骤，以及美国国家航空航天局的开普勒任务如何通过新发现数以千计的凌星行星系统（其中很多都包含类地行星）而彻底改变了系外行星科学领域。

3.1 测量并判读凌星信号

在本章的大部分内容里，除非另有说明，主要讨论的都是圆轨道上的行星。与前一章相同，研究圆轨道可以让我们利用物理直觉来分析一般情形。此外，我们还将假设：在掩食宿主恒星期间，行星以恒定速度运动，而且行星半径小于恒星半径。

并不是所有行星都具备掩食恒星的几何条件，因此凌星法并不能探测到所有行星，意识到这一点很重要。给定轨道半长轴 a 后，仅当行星的轨道倾角落在某个窄区间时，它才能从半径为 $R_\star$ 的恒星前面经过。在地球上观察，行星从宿主恒星前方经过的概率等于图 3.1 中"带状区域"的立体角与全球面立体角的比值，其中后者为 $\Omega = 4\pi$ 球面度，约等于 4.1×10^4 平方度。

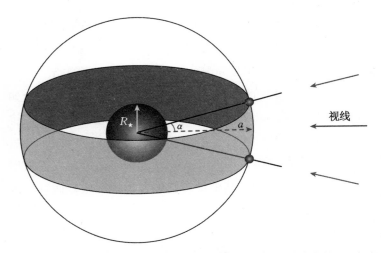

视线

图 3.1 在地球上观察，行星能够掩食恒星的立体角范围如图中的条状区域所示（观察者从右方极远处观察，距离远远大于 a）。该条形区域的高度为 $\sin^{-1}\left[\,(R_\star + R_P)\,/a\right]$。将高度对绕恒星的 2π 方位角积分，即可算出条形区域的立体角。掩食概率则等于条形区域的立体角除以包围恒星的半径为 a 的球面的立体角 4π。

在球坐标下，以相对水平面的角度 α 为参量，很容易求出条形区域的面积[①]。这里的 α 应当取遍条形区域的投影与恒星表面相交的区域，相应的取值范围为 $\alpha_{\min} = -\sin^{-1}\left[\,(R_\star + R_P)/a\right]$ 至 $\alpha_{\max} = \sin^{-1}\left[\,(R_\star + R_P)/a\right]$，并且有 $\theta_{\min} = 0$ 和 $\theta_{\max} = 2\pi$。

---

① 标准的球坐标中仰角 θ 是与竖直方向的夹角，这通常出现在物理教科书中。——作者注

这样可算出概率为

$$P_{凌星} = \frac{\int_{a_{min}}^{a_{max}} \int_0^{2\pi} \cos(\alpha)\, d\alpha\, d\theta}{4\pi} \tag{3.1}$$

此处，R_P 是行星半径，式中包含 R_P 是为了解释行星部分挡住恒星时发生的掠凌星现象。该积分的结果是

$$P_{凌星} = \frac{R_\star + R_P}{a} \tag{3.2}$$

从太阳系外观察，地球的凌星概率为 $R_\odot /$（1 AU）$= 7 \times 10^{10}\,\mathrm{cm}/1.5 \times 10^{13}\,\mathrm{cm} \approx 0.5\%$。

这么小的凌星概率（两百分之一）凸显了凌星观测的一个关键特征：为了有合适的机会探测到凌星现象，需要对大量恒星进行调查。这也说明了为什么热木星这种周期短于 10 天的巨行星在我们理解普通行星的过程中起了如此重要的作用。因为它们的轨道与恒星的距离大概是太阳系中木星轨道半径的百分之一（更小的 a），所以有许多短周期木星的凌星事例。典型的热木星轨道周期约为 3 天。我们由开普勒第三定律可知 $a \propto P^{2/3}$，这意味着典型热木星的凌星概率比绕太阳公转的地球高了约 $(365/3)^{2/3} \approx 25$ 倍，也就是说热木星的凌星概率 $P_{凌星} \approx 10\%$。

就像在远处看到的太阳和月亮一样，球形的行星与恒星在天球上的投影看上去也是圆面。在恒星与行星的投影圆面首次接触后，行星逐渐挡住越来越多的恒星圆面而使恒星光度稳步下降。这个阶段称为入凌，而行星离开恒星圆面的阶段称为出凌，此时会出现相反的现象。这种几何关系如图 3.2 所示。

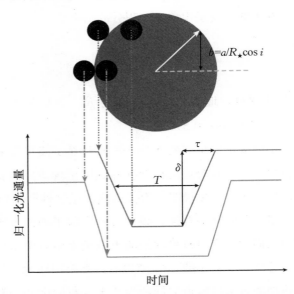

图 3.2 行星（黑色圆）凌星经过恒星（大的灰色圆）前方的示意图。图中显示了两个不同的碰撞参数：$b = 0$ 的行星经过恒星赤道，而 $b > 0$ 的行星则经过恒星表面一条较短的弦，因此凌星持续时间较短（更小的 T）而入凌/出凌斜率较小（更长的 τ）。深度 δ 由行星与恒星的面积比 $\delta = (R_P/R_\star)^2$ 来表示。

为了获得对光变曲线的物理直觉，我们将对恒星、行星和它们的轨道作几个简化假设。如前所述，我们假设轨道为圆形，行星在凌星过程中以恒定速度经过恒星表面。此外，我们假设：相对于光度均匀的恒星表面来说，行星是个完美的不透明圆面。这些假设忽略了行星的扁率、部分透光的大气、椭圆轨道、恒星黑子，还忽略了临边昏暗效应，后者使恒星圆面中心看起来更亮，而在靠近边缘处显得暗一些。这些因素都会对观测到的光变曲线造成可测量的影响，但是忽略它们并不会影响光变曲线中对于探测行星和测量其性质来说最为重要的特征，至少在一阶近似下是如此。

在所有用于描述观测到的凌星光变曲线如何随时间变化的解析公式中，应用最为广泛的一种由加州理工学院的本科生凯西·曼德尔提出，当时他正在与博士后研究员埃里克·阿戈尔合作。[3]大约在同一时间，普林斯顿高等研究院的博士后萨拉·西格尔和加布里埃拉·马伦-奥内拉斯也正在解决同样的问题。[4]曼德尔-阿戈尔光变曲线模型和西格尔-马伦-奥内拉斯光变曲线模型中的表达式相当复杂，但它们主要建立在重叠圆面几何关系的基础上。我不准备详细介绍光变曲线模型的细节，而是重点关注观察到的特征，以及它们与行星系统重要物理性质之间的关系。我们的目标是让学生在看到一条凌星光变曲线后，能够马上判读出该凌星行星系统的物理性质。

图 3.2 所示的光变曲线示意图用卡特等人于 2008 年[5]提出的符号标记了三个重要的可观测量：入凌/出凌时间（τ），"总"持续时间（T）和凌星深度（δ）。凌星深度指的是行星阻挡的星光量，它等于两者面积之比，或写成 $\delta = (R_P/R_\star)^2$。该关系看似很简单，但它提供了许多关于凌星技术的信息。首先，请注意：我们不能直接从凌星光变曲线中测出行星的半径。为了测量行星半径，观测者必须知道恒星半径。

凌星深度公式给出的第二个重要信息是，有两种方法可以增强凌星信号：更大的行星（更大的 R_P）或者较小的恒星（较小的 $R_\star$）。举个例子，太阳的半径是木星的 9.75 倍，因此木星凌日会使太阳变暗 $(1/9.75)^2 \approx 0.01$，或者说 1%；而地球半径是太阳半径的 1/109，于是凌星深度只有微不足道的 8×10^{-5}，或者说 80 ppm。目前，只有美国国家航空航天局的开普勒太空望远镜能分辨出如此浅的凌星信号。然而，如果有地球大小的行星围绕半人马座的比邻星（$R_\star = 0.14R_\odot$）那样一颗小型红矮星运动，那么凌星深度将会是 $\delta = 0.004 = 0.4\%$，这已经和木星大小的行星绕类太阳恒星运动的结果相当了。这也是为什么天文学家将红矮星视为寻找类地行星上佳目标的原因之一。

入凌/出凌时间 τ 与行星的速度和大小，以及行星的路径与恒星中心之间的垂直距离有关，后者用碰撞参数 b 表示（参见图 3.2）。对于行星经过恒星赤道的特殊情形（$b=0$），入凌/出凌时间为

$$\tau = \frac{2R_P}{v_P} = \frac{P}{\pi}\frac{R_P}{a} \tag{3.3}$$

式中，v_P 是行星穿过恒星圆面的速度，可写为 $2\pi a/P$。与之类似，凌星持续时间即为行星以开普勒速度穿过恒星直径所需的时间，或者说

$$T = \frac{2R_\star}{v_P} = \frac{P}{\pi}\frac{R_\star}{a} \tag{3.4}$$

在更普遍的情形下，行星沿着偏离恒星赤道的路径穿过恒星，偏离量由碰撞参数 $b = (a/R_\star)\cos i$ 给出。式中，i 是行星的轨道倾角，它以垂直方向为测量基点，$i=90°$ 则意味着凌星经过赤道。举个例子，图 3.2 上方的光变曲线对应 $b>0$ 且 $i<90°$ 的情形，而下方的光变曲线则对应 $b=0$ 且 $i=90°$ 的特殊情形。在 $b>0$ 这种更普遍的情形下，入凌/出凌时间和总持续时间可以写为

$$\tau = \frac{PR_P}{\pi a}\frac{1}{\sqrt{1-b^2}}$$

$$T = \frac{PR_\star}{\pi a}\sqrt{1-b^2} \qquad (3.5)$$

因此，和经过赤道的凌星现象相比，碰撞参数非零（$b > 0$）情况下凌星现象的入凌/出凌时间更长，而总持续时间更短。换句话说，碰撞参数越大，凌星光变曲线的"V"字形就越明显。

现在，我们可以将凌星现象的可观测量（δ、τ 和 T）与行星系统的物理性质联系在一起了：

$$\frac{R_P}{R_\star} = \sqrt{\delta}$$

$$b^2 = 1 - \delta^{1/2}\frac{T}{\tau}$$

$$\frac{a}{R_\star} = \frac{P\delta^{1/4}}{2\pi}\left(\frac{4}{T\tau}\right)^{1/2} \qquad (3.6)$$

在这些表达式中，$R_P/R_\star$ 通常叫作行星-恒星半径比，而 $a/R_\star$ 叫作约化半长轴（scaled semimajor axis）。

现在，我们可以从图 3.3 所示的 WASP-10 的光变曲线中判读出凌星参数。根据连续的凌星测量，WASP-10b 的周期此前已测得为约 3 天[1]。由于临边昏暗效应，光变曲线在光度

---

[1] 真实周期已测量得非常精确：$P = 3.092\,681\,3 \pm 0.000\,012$ 天。——作者注

最小的位置呈圆弧形：这是因为恒星圆面亮度并不均匀，中间较亮而边缘较暗。不过，我们可以通过测量入凌结束和出凌开始时的平均深度来估计凌星深度，其结果为 $\delta \approx 0.027 = 2.7\%$。

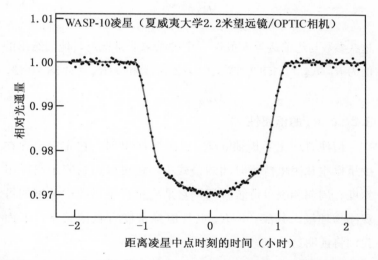

图 3.3 测得的 WASP-10 热木星行星系统的凌星光变曲线[6]。观测在配有 OPTIC 相机的夏威夷大学 2.2 米口径望远镜上进行。

凌星总持续时间可估计为曲线上最大深度的一半所对应的宽度，也就是 $T \approx 1.9$ 小时（0.079 天）。入凌/出凌时间为 $\tau \approx 0.33$ 小时（0.014 天）。这些测量结果对应于如下凌星参数

$$\frac{R_P}{R_\star} \approx 0.16$$

$$b \approx 0.3$$

$$\frac{a}{R_\star} \approx 12 \qquad (3.7)$$

这些参数与约翰逊等人报告[7]中的结果非常接近，他们给出的值为 $R_P/R_\star = 0.158\,2^{+0.000\,7}_{-0.001\,8}$，$b = 0.299^{+0.035}_{-0.054}$ 和 $a/R_\star = 11.58 \pm 0.13$。

3.2 $a/R_\star$ 的重要性

请注意约化半长轴 $a/R_\star$ 已经多次出现。它先后出现在凌星概率和凌星持续时间的公式中，还可以用它表示出凌星深度、周期和凌星持续时间，它是凌星行星系统中关键的可观测物理量。其实，$a/R_\star$ 也与恒星密度有直接关系，下面我们将证明这一点。

利用牛顿版本的开普勒第三定律，轨道半长轴可以用轨道周期和恒星质量表示

$$a/R_\star = \left(\frac{GP^2}{4\pi^2}\right)^{1/3} \left(\frac{M_\star^{1/3}}{R_\star}\right) \sim \rho_\star^{1/3} \qquad (3.8)$$

等号右侧最后一项是恒星平均密度 $\rho_\star$ 的立方根，这里表达式中的周期被舍去了，因为凌星行星周期的测量精度可以达到

1 秒甚至更高，进而在实践中可以将 P 视为常数。这样就可求出密度，

$$\rho_\star \sim (a/R_\star)^3 \tag{3.9}$$

必须指出的是，在这种情形下，我们仍保留了圆轨道假设。对于偏心轨道上的行星来说，这种估算恒星密度的方法就不对了。好在大多数近距离巨行星与恒星离得足够近，它们与恒星之间的潮汐作用可以让轨道变得圆起来。

能够从凌星光变曲线测出恒星密度是非常重要的成果，因为它提供了一种估算恒星半径的方法，接下来就可以从凌星深度估算行星半径。测量单颗恒星的半径时，通常使用著名的斯特藩-玻尔兹曼公式

$$L_\star = 4\pi R_\star^2 \sigma T^4 \tag{3.10}$$

从公式 3.10 即可解出恒星半径

$$R_\star = \left(\frac{L_\star}{4\pi\sigma}\right)^{1/2} T^{-2} \tag{3.11}$$

对观测到的恒星光谱建模，可以得出恒星的有效温度 T。但是因为测光只能给出恒星的视亮度，为了估计 $L_\star$，必须精确测量地球与恒星的距离。近邻恒星的距离可用三角视差法测量，但宽视场凌星巡天的目标恒星通常离太阳太远，不能

直接使用该方法。①

　　幸运的是，在结合了恒星演化模型之后，从凌星光变曲线测得的恒星密度就能代表光度。通常来说，如果在恒星演化模型中给定了温度 T，光度 $L_\star$ 和化学成分 Z，就能得到 $R_\star$ 的估计值。不过这些模型也可以写成与 $\rho_\star$ 相关而非与 $L_\star$ 相关的形式，事实上这种形式的模型能给出更好（退化更少）的解。于是，凌星就揭示了行星和恒星的物理特征。

　　非圆形轨道（$e > 0$）情形下，还有一个与 e 和 ω 相关的因子，通常记为 $g(e, \omega)$，这样就有

$$\rho_\star = g(e, \omega)^3 \rho_{\text{circ}} \tag{3.12}$$

式中，ρ_{circ} 是假定 $e = 0$ 时求出的密度，其具体形式为

$$\rho_{\text{circ}} = \frac{3P}{G\pi^2} \left(\frac{\delta^{1/4}}{\sqrt{T\tau}} \right)^3 \tag{3.13}$$

以及

$$g(e, \omega) = \frac{1 + e \sin \omega}{\sqrt{1 - e^2}} \tag{3.14}$$

_____

① 到现在为止，情况确实如此，目前只有依巴谷计划（Hipparcos mission）中测量过的亮恒星有视差数据。不过，盖亚计划（Gaia mission）会测量约十亿颗恒星的视差。盖亚太空望远镜计划于 2013 年发射，并将在 2018 年完成任务。——作者注
　　盖亚太空望远镜于 2013 年 12 月 19 日在法属圭亚那发射升空，并将工作至 2022 年。——译者注

如果不满足圆轨道假设（例如，行星离恒星足够远时，潮汐作用使轨道变圆所需的时间比恒星的年龄还长），那么为了测量轨道偏心率，就必须知道恒星的视向速度。人们会定期测量明亮的凌星宿主恒星的视向速度以测量行星的质量，而从轨道视向速度和凌星光变曲线两者的自洽解出发，就能获得高精度的恒星和行星性质。或者可以说，如果知道了恒星的密度，这个问题就可以反过来给出行星的轨道偏心率。

以前也有人提过这种方法，不过仅用于对大量系外行星样本的偏心率分布作统计评估。然而，哈佛大学的研究生丽贝卡·道森和我证明了该方法可以测出单个凌星系统的偏心率，我们将其命名为光偏心效应（photoeccentric effect）。[8]该方法非常有用，它能够测量凌星行星的轨道特征，而无须花费大量望远镜观测时间来测量视向速度。

3.3　凌星时刻的变化

在使用凌星法寻找行星时，单次凌星事件就能说明存在候选行星。当然，也有必要多次观测凌星事件以确认该行星存在，并测量其半径和轨道特征。如果只有一颗孤立行星围绕恒星运行，那么凌星事件就会定期发生，其间隔即为轨道周期。对于包含了多个行星的系统来说，完美周期性轨道的假设则不一定成立。两颗或更多的行星不仅受恒星引力影响，系统内各行星之间还存在相互的引力作用。

设想两颗正在轨道上接近它们掩食恒星位置（下合点）的凌星行星。如果一颗行星在另一颗的前方，它将受到后方行星的引力拖曳，方向与轨道运动方向相反。这种拖曳会使前方行星晚些到达理论的凌星位置。同样，前方行星也会牵引后方行星，推迟它到达凌星位置的时间①。因此，对于包含两颗凌星行星的系统，可以观察到它们各自凌星时间的变化。

可大多数情况是，已知一颗行星会掩食恒星，而它凌星时间的变化能够揭示系统中存在另外一颗或多颗行星。对这些变化建模，即可推断出那些不可见天体的质量及其轨道特征。这样一来，凌星时间的变化就成了发现系外行星的新工具。

图 3.4 给出了这种情况的一个例子，该候选凌星行星的候选开普勒天体（Kepler Object of Interest）编号是 1474.01 或者 KOI-1474.01，也可以叫它开普勒-419 b。凌星现象说明存在一颗半径约等于木星半径、轨道周期为 69 天的行星。连续凌星事件的光变曲线按照同一标尺绘制，并在时间轴上减去了 $T_{tr} + N$②，这里的 T_{tr} 是首次发生凌星的时间，P 是轨道周期，N 是凌星事件发生的次数。在具有完美周期性的单行星系统

---

① 前方行星的引力作用应当使后方行星提早到达其凌星位置，此处疑为作者笔误。——译者注

② 应该是减去了 $T_{tr} + NP$。——译者注

中，每次凌星都会与上次一致。但是，开普勒-419 这颗行星的凌星时间比理论时间交替着提前和推迟。对这些变化建模，则可以给出这些行星的质量，以及它们的轨道面夹角等信息。[9]

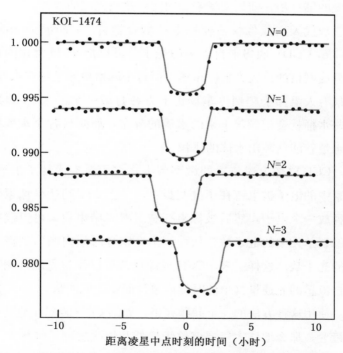

图 3.4 开普勒太空望远镜观测到的开普勒-419b 连续凌星事件。如果凌星具有严格周期性，那么所有光变曲线都会在时间轴上对齐。然而，这颗木星大小的凌星行星受到该系统中另一颗行星的引力拖曳，于是该行星总是或早或晚地到达凌星位置。

3.4　测量恒星的亮度

到目前为止，我们已经知道了如何从凌星光变曲线得到行星、宿主恒星和它们轨道的信息。不过，我还没有介绍该过程的第一步，即天文学家如何测量这些光变曲线。

现代天文成像仪器使用电荷耦合器件（charge-coupled device，CCD）收集来自恒星的光子。可以把 CCD 类比为被划分成网格的巨大方形停车场，而每个网格单元处都有水桶。如果有人沿梯子爬到停车场正上方并打破一个巨大的水球，这些水桶就会记录落下来的水滴的分布，而测量各个水桶中的水量就能估算出水球的体积。

CCD 就像上述装置的微型版本，它用像素代替了水桶，像素中的电子被束缚在了硅基板上。一个光子到达硅像素后会释放一个电子，然后被像素捕获。曝光结束后，可以读出各像素单元中的电子数，从而测出在积分时间内照射到像素上的光子数。这样一来，CCD 成像仪就可以作为光度计测量来自恒星的光通量（单位时间内单位面积上的能量）。

使用这种方法的一个问题在于，如果 CCD 装配在地基望远镜上，那么地球大气层就位于仪器和恒星之间。地球大气层中有冷暖空气团，它们会使光子流在望远镜视线内外偏转。同样，大气层中的某些位置可能会有小块薄云，它们会削弱恒星的光。正因如此，如果整晚用 CCD 测量单颗恒星的光通量，那么测量值会浮动，并有可能掩盖凌星信号。

　　一种解决方法是同时监测同一天区中两颗或多颗恒星。其中一颗是目标恒星，而其他的则作为参考恒星。假设在目标恒星的行星系统发生凌星时，参考恒星并没有被行星掩食，那么参考恒星的光通量应该是一个常数，进而能作为测光的参照。实践中测得的是目标恒星光通量与参考恒星光通量的比值 $F_{rel} = N_T/N_R$，式中的 F_{rel} 是目标恒星的相对光通量，而 N_T 和 N_R 则分别是所测得的来自目标恒星和参考恒星的光子数。

　　此处的难点在于，凌星行星的宿主恒星往往是某片天区中最亮的恒星。通常，这是个优点，因为收集到的光子越多，信号相对噪声来说越高，也就是常说的信噪比（signal-to-noise ratio）或称 SNR 越高。然而，为了测得高精度的比值 F_{rel}，不仅目标恒星的信噪比（N_T）得高，参考恒星的信噪比（N_R）也得高。

　　举个例子，人们发现的第一颗凌星行星是围绕类太阳恒星 HD 209458 的热木星。宿主恒星的视星等约为 $V = 7.6$。虽然超出了肉眼可见的亮度范围，但这颗恒星已经属于非常明亮的了，在天空中非常罕见。事实上，每平方度天区中，平均只有一颗恒星能达到或者超过这种亮度。大多数望远镜上 CCD 成像仪的视场只有约 0.25 平方度，视场有 1 平方度的成像仪非常少，通常也不会被用来观测凌星光变曲线，因为这项观测活动需要大量宝贵的观测时间。

　　注意到光子数的不确定度服从泊松统计，例如测量 N 个光子的不确定度是 $\sigma_N = \sqrt{N}$，就能理解这个问题。这意味着 F_{rel} 的不确定度由 N_T 和 N_R 的误差传递给出，或写成 $\sigma_{F_{rel}}/F_{rel} = \sqrt{(\sigma_{N_T}/N_T)^2 + (\sigma_{N_R}/N_R)^2} = \sqrt{1/N_T + 1/N_R}$。因此，相对光通量的测量不确定度不仅受目标恒星光子数的限制，还受参考恒星光子数的限制。如果参考恒星的光通量显著低于目标恒星，那么无论从更亮的目标恒星处收集了多少光，测量不确定度都将主要取决于参考恒星的泊松涨落。

　　人们可能会简单地认为，用更长的曝光时间从目标恒星收集更多的光子就能解决问题。可这样的方案仍有两个难点。首先，凌星持续时间较短且为定值——对热木星来说，通常是几小时。如果曝光时间为一小时的话，那么凌星光变曲线将只包含几个点，而且这么长的曝光时间会使凌星曲线的形状失真。长时间曝光的第二个难点在于，目标恒星最终会使探测器饱和。CCD 像素单元能容纳的电子数量有限，超过上限之后，电子就会开始扩散到邻近的像素单元。不仅如此，对于许多探测器来说，当像素单元接近饱和时，电子数与入射光子数之间就不再保持线性关系。

　　那若是连续进行多次短时间曝光呢？这一方案存在三个问

题。首先，曝光时间短到一定程度后，会短于读出 CCD 所需的时间。现代探测器一直在变快，但典型的 CCD 读出时间从10—90 秒不等，总之取决于望远镜上探测器的尺寸和使用时间。如果读出时间和曝光时间相当，就意味着大约一半的凌星观测时间是用来读出探测器的数据而不是收集光线！其次，当光子数很多时 CCD 的电噪声并不重要，而当光子数少时它就成了主要的噪声源，因此减少曝光时间就和参考恒星暗淡时的情况一样了。再次，长时间曝光会让地球大气层的影响变得不那么重要，但是这些大气噪声源会对短时间曝光产生重要影响。

地基望远镜高精度测光的困难可归结到动态范围（同时观察明亮的目标恒星和暗淡的参考恒星，并保证高信噪比）和工作周期（将尽可能多的时间用于收集来自恒星的光子）两方面。我应对这些问题的方案是使用新型探测器"正交传输阵列"（orthogonal transfer array）的原型器件，它由约翰·汤瑞（John Tonry）在夏威夷大学天文研究所设计和建造。

普通的 CCD 通过将电荷从一列移到下一列来读出数据。最后一列中的电子会被转存到读出寄存器中，然后通过测量每个像素中的电压以得到电子的数目。在曝光期间，正交传输阵列可以非常有效地将电荷从一个像素转移到另一个像素。在观测明亮恒星时，这种设计可以防止 CCD 饱和。当一个像素单位填满后，电荷可以移动到相邻的像素单位，并在读出前储存下来。我给探测器编制了程序来让电荷在方形区域中四处滑动，这样一来，在我读出整个芯片之前就可以收集更多目标恒星和参考恒星的光。这一方法会把本来闲置的那部分像素单元也投入使用，继而每次曝光我能收集到多一个数量级的光子，并且所用的曝光时间也远多于读出时间。正交传输阵列最成功的应用是得到了如图 3.3 所示的光变曲线。

3.5 视向速度法优先，凌星法其次

1999 年底，两个研究团队使用小型地基望远镜观测了 HD 209458 恒星系统的行星凌星现象。[10—11] 这颗凌星行星并不是在盲巡天过程中被发现的。相反，两个团队都聪明地选择了已被视向速度测量证明拥有热木星的宿主恒星作为目标恒星，以便增加探测到凌星行星的机会。[12] 如果已经明确行星的存在，那么它会发生凌星的概率为 $R_\star/a$；而有了足够多的已知行星系统后，至少有一颗行星会发生凌星的概率就将无限接近于 1。

先用视向速度法探测到行星，然后再观察恒星被掩食，是寻找凌星行星的行之有效的方法。事实上，在已经观察到凌星的恒星中，最亮的那些此前都是视向速度法的目标。视向速度法不仅能证明存在行星，而且解出的轨道还能给出每个轨道周期中行星可能掩食恒星的时段。"凌星窗口"在下合

时出现，恰好对应于恒星视向速度为零，且视向速度对时间的导数为负值的时刻。在理想条件下——比如说测量没有不确定度，那么凌星窗口的宽度可以简单地表示为凌星持续时间加上两侧各约一小时，以确保能够准确测量凌星窗口前后的亮度。然而，由于轨道周期和凌星中心时刻存在测量误差，凌星窗口的宽度可以是凌星持续时间的几倍到大半天不等。尽管有这种不确定性，但花一两个晚上来仔细检查已知系外行星系统的凌星窗口，是寻找凌星行星最有效的方法之一，因为人们已经知道这颗行星肯定存在。

除了效率很高之外，在多普勒频移法探测到的行星中开展凌星观测，会得到围绕非常明亮的恒星运动的凌星行星。这是因为视向速度测量需要将观测到的星光色散为高分辨率光谱，所以倾向于观测更亮的恒星。另一方面，由于需要观测多颗恒星才能找到一颗凌星行星，因此宽视场凌星巡天通常偏向于较暗的恒星。为了得到更多目标恒星，就需要更大的搜索量、搜索更远的目标恒星，于是目标恒星就更暗。到目前为止，共有九颗由多普勒频移法探测到的行星后来被证实存在凌星现象，而其中六颗位列已知最亮凌星系统的前十位。

这些凌星系统的亮度使得它们很适合开展其他后续观测。可是视向速度优先法只适用于这些明亮的恒星，比起先探测凌星现象然后用视向速度来确认行星的搜索方法，该种方法中目标恒星的绝对数量就少了。下一节的主题就是第二种寻找行星的方法。

3.6 凌星法优先，视向速度法其次

为了找到一颗凌星行星，行星搜寻者也需要大量机遇。之前我们已经看到，行星掩食恒星的概率由几何关系 $R_\star/a$ 给出。对于轨道周期为 3 天的典型热木星来说，$a \approx 0.05$ AU。1 天文单位大约为 210 倍太阳半径，因此类太阳恒星的 $a/R_\star \approx 10$，或者说凌星概率约为 10%。

视向速度测量表明，只有 1% 的恒星拥有质量超过木星质量的十分之一、同时轨道周期 $P < 10$ 天的热木星。[13] 假设恒星的质量、半径与太阳相当，热木星的典型凌星概率约为 10%，那么预计需要搜索 1/（0.01×0.1）＝1 000 颗恒星，才能观察到一次凌星现象！

视向速度法探测的典型目标是 V 波段视星等约为 $V = 8$ 的恒星。作为参考，视星等 $V = 6$ 的恒星是肉眼在黑夜里所能看到的极限。相比之下，$V = 8$ 的恒星亮度大约是 $V = 6$ 恒星亮度的 $2.5^{-2} = 0.16$ 倍①，但它已经能算是明亮天体了。

---

① 两颗恒星的光通量 F_1 和 F_2，与恒星视星等 V_1 和 V_2 之间的关系为 $F_1/F_2 = 10^{-0.4(V_2-V_1)} \approx 2.5^{(V_1-V_2)}$。——作者注

然而，整个天空中能达到这种亮度的恒星只有几千颗，因此它们非常罕见，不太可能在同一个视场中出现多颗 $V = 8$ 的恒星。

为了增加凌星巡天搜索的目标数量进而提高发现大量行星的机会，巡天时必须观察更暗的恒星，它们在天空中为数更多。这样一来，通过凌星巡天发现的行星往往比视向速度法探测到的行星要暗得多，也使得后续的视向速度观测变得更加困难。然而，视向速度仍是确认凌星行星性质并排除假阳性结果的关键，开普勒轨道也可以给出行星的质量。从凌星深度得到的质量和半径则给出了行星的体密度。

观察较暗恒星的光谱需要更长的曝光时间，这个损失可以部分依靠把精确测定轨道所需的视向速度测量次数降低来弥补。虽然在视向速度法中，为了精确测定行星轨道的六个自由参数（周期、偏心率、过近星点时刻、近星点幅角、多普勒振幅和速度偏置①）大约需要至少十次观测，但是凌星行星的轨道周期和位相已知，而且很多热木星因潮汐作用而具有圆轨道，因此只需要两个自由参数（多普勒振幅和速度偏置），进而至少在原则上来说，只需三到四次视向速度测量

———————————

① 原文作 velocity offset，可以理解为恒星不受行星扰动时的基准速度。——译者注

即可确定系统特征。不过，如果凌星行星的信号比测量精度还小，或是系统中存在与凌星行星周期相近的其他行星，那为了可靠地确认并表征该凌星行星，所需的视向速度测量就不止三四次。当然，系统中存在多颗行星相对来说是个令人幸福的烦恼——要是它们能表现出凌星时间的变化就更好了，这样就可以得到更多关于该系统物理和轨道性质的信息。

为了监测大量恒星以提高凌星探测概率，大多数凌星巡天都使用视场非常宽的望远镜。我们可以做个比较：口径 10 米的凯克望远镜上视场最宽的仪器大约有 0.01 平方度的视场，而匈牙利自动望远镜网络（Hungarian Automated Tele-scope Network，HATNet）凌星巡天所使用的望远镜单次指向即可覆盖 68 平方度。可是与凯克望远镜 10 米主镜形成鲜明对比的是，HATNet 中每台望远镜的口径只有 0.06 米。在设计望远镜时，通常要权衡光阑尺寸和视场大小。但除了宽视场外，使用小型望远镜的另一个优势是价格。HATNet 的"望远镜"通常是商用单反相机的镜头，这与大多数天文望远镜相比非常便宜。在写作本书时，地基宽视场凌星巡天已经发现了约 135 颗新行星。

3.6.1 太空中的凌星巡天

地基测量会受某些地球相关效应的阻碍。其一在于大气层位于恒星和望远镜之间。大气温度的变化导致空气折射率发生变化，使光线在视线内外弯曲，这正是星星眨眼的原因。这种现象也被称为闪烁（scintillation），它使测量恒星的真实亮度变得困难。另一个与地球有关的问题是，地球不是一个稳定的平台。地球的旋转带来了昼夜交替，这使人们无法在白天观测恒星，因此也无法持续监测恒星的亮度。

利用太空望远镜监测恒星可以避开这些问题。开普勒太空望远镜是美国国家航空航天局唯一专用于系外行星凌星巡天的太空望远镜。开普勒太空望远镜于 2009 年春季发射升空，可以将它视为口径 1 米的宽视场相机。它的视场是 10 度乘以 10 度，视场内有数以百万计的恒星，其中约有 19 万颗是凌星观测的目标。开普勒太空望远镜的美在其简约。一旦到达尾随地球的轨道后，它就会抛掉用于在发射时保护镜面的防尘罩，并把它那"不眨眼的眼睛"转向位于天鹅座附近、恰好在银道面上方的一片目标视场。

尽管它很简约，但是开普勒太空望远镜的光度计测量恒星亮度的精度达到了百万分之二十。它非凡的测光精度、连续的视场与大量目标恒星的结合，意味着没有多少系外行星能够逃脱它的注意。到目前为止，开普勒太空望远镜已经发现了 2 740 个候选开普勒天体（Kepler Objects of Interest，KOIs）。候选开普勒天体指的是存在类似凌星的信号或其他有趣凌星现象的恒星，不过是否为真实的行星和候选行星还待确认。在地基观测能够证明凌星曲线下陷是由行星引起，而不是来自背后的掩食双星和更明亮的前景星在视向重合①等情况之前，这些凌星事件仍然值得怀疑。假阳性事件困扰着地基凌星巡天工作，但它们应该只占候选开普勒天体的不到10%。[14—15]

开普勒任务（Kepler Mission）的诸多成就和发现包括：第一颗围绕双星运动的行星（想想电影《星球大战》中虚构的行星塔图因），第一颗地球大小的行星，第一颗比地球小的行星（大概只有水星那么大），以及一颗位于恒星宜居带的地球大小的行星。[16]

不幸的是，因为使望远镜能够精确定向的某个组件发生故障，其第一阶段任务在2013年戛然而止。开普勒太空望远镜在发射时配有四个"反作用轮"，它们利用角动量守恒来让望远镜保持在设定好的方向。其中三个反作用轮用来防止望远镜绕自身的三个坐标轴旋转，剩下的一个作为备用。第一

----

① 这里作者的意思是，对于掩食双星和行星凌星，单纯的凌星观测能够分辨，因为恒星物理半径显著大于行星。但是，如果这对双星混合到前景亮星的光芒里，双星亮度的下降可能被误认为是前景亮星的亮度下降。背景双星距离远，所以看起来前景亮星的亮度只会微弱下降，无法和行星凌星区分开来。——译者注

个反作用轮在 2012 年出现故障，而一年后，备用轮也出现了故障。精确控制指向是高精度测光的关键之一，而该任务也因为无法实现其主要任务目标而被迫终止。

幸运的是，鲍尔航空公司和美国国家航空航天局的工程师们想出了一个聪明的解决方案。开普勒望远镜背面安装有两组太阳能电池板，它们形成了一个脊。将这个脊对准太阳光子流之后，望远镜就能像船头指向河流一样保持平衡。由于该平衡建立在一个不稳定平衡点之上，当望远镜缓慢偏离平衡位置时，需要每隔一段时间启动推进器来精确调整望远镜的指向。重生的开普勒任务被称为"两轮扩展任务"，或称 K2。[17]望远镜的缓慢漂移依然会在最后的测光结果中产生假像，但这些效应可以利用软件纠正。[18]

因为望远镜依靠太阳辐射来精确定向，所以它不再能够连续观测单一的目标视场。在望远镜围绕太阳运行时，它必须定期调整位置以保证太阳能电池板与太阳的光子流取向一致。需要重新定位的好处是，望远镜每隔 75 天就能监测一片新视场。此前它在长期观测中放弃了的东西，如今都因为扩展任务中可监测多视场的能力而重新获得。在本书撰写之时①，已通过 K2 测光发现了两个新的行星系统[19—20]，并

————————————

① 原书出版于 2016 年。——译者注

有望在开普勒任务继续进行的过程中收获更多发现。

3.7　从近距离到远距离

到目前为止，我所介绍的两种技术在探测靠近宿主恒星的行星时最为有效。行星的多普勒信号与半长轴呈负相关，而且在轨道周期较短的情况下所需的观测时间段也较短。行星轨道离恒星越近，其凌星概率也就越大。在发现第一批系外行星之前，人们心中其他恒星周围行星的模样是照着太阳系的行星定下来的。在这个意义上，热木星和其他在已知系外行星系统中占绝大多数的近距离行星可以被视为"额外的行星"。如果没有它们，我们对系外行星的了解会比我们今天已知的要有限得多。

然而，虽然这些行星代表了所有已知行星系统中的大多数，但它们并没有给出整个银河系中行星系统的代表性图景。为了更全面地了解宇宙中各种行星形成机制所产生的轨道结构，我们需要在行星远离其宿主恒星时也能够灵敏探测到它们的方法。这就引出了在接下来的章节中将要介绍的微引力透镜技术和直接成像技术。

第四章　行星弯曲时空

所以结果……毫无疑问，光在太阳附近发生了偏转，
其数值与爱因斯坦广义相对论的要求相符，它可归因于
太阳的引力场。

——F. W. 戴森，A. S. 爱丁顿，C. 戴维森[1]

使用凯克望远镜的观测者偶尔会因为叫作机遇目标观测
（target-of-opportunity observations，ToO）的特殊要求而中
断观测。如果机遇目标观测由另一位不在望远镜处的观测者发
起，那么在望远镜处的天文学家必须结束当前的观测，并将望
远镜指向所要求的目标天体。之所以在望远镜观测时间分配中
作出这一规定，是因为某些天文事件在撰写观测计划时无从预
测。超新星爆炸和伽马射线爆完全按照它们自己的时间表发
生，并不会遵从希望观测他们的天体物理学家的时间表。

此类不可预测的事件被称为瞬变（transient），因为它们
出现得不规律，而且通常只发生一次。另一类瞬变事件叫作
微引力透镜，指的是从地球上看去，银河系中两颗恒星碰巧
于视线方向成直线排列时看起来会变亮，其原因将在本章后

文阐明。微引力透镜事件在本质上不同于导致日食或凌星的偶然共线。凌星时，恒星的部分光线会被阻挡，恒星会变得暗一些，而微引力透镜则会使星光暂时增强。在正确的排列方式下，前景恒星（透镜）的引力场可以使背景恒星（源）光线的路径弯曲，从而令更多背景恒星的光进入观察者的视线。

事实上，我们的太阳就可以作为背景恒星的透镜，而且爱因斯坦的广义相对论预测，在日食期间，天球上靠近太阳的恒星其表观位置将发生变化（强烈的阳光使得在其他时间不可能观测到附近的恒星）。英国天文学家阿瑟·爱丁顿曾带领一支探险队前往普林西比的一个小岛观测 1919 年的日全食，其主要目的就是为了检验广义相对论的这一关键预测。次年，爱丁顿发表了他的研究结果，为爱因斯坦的理论提供了关键的观测证据。

爱因斯坦意识到，理论上也能观察到银河系中其他恒星对星光造成的弯曲。此时，它并非简单表现为背景恒星位置的偏移，而是使足够多的光被弯曲并进入观察者的视线，进而使背景恒星显得更亮。然而，爱因斯坦并没有立即着手研究这个概念，而是有人在 1936 年之前的几年发展了他的理论。1936 年，有位名叫鲁迪·W. 曼德尔的工程师拜访了爱因斯坦，并与他讨论了微引力透镜现象。[2] 爱因斯坦在给《自然》杂志的信中写道："R. W. 曼德尔拜访了我，并希望我公布应他请求所作的一个计算结果。这篇短文应当符合他的愿望。"在那篇短文中，他推导出了微引力透镜的几何和物理原理，但得出的结论是，"没有太大可能"观测到这种效应，因为几乎没有可能在银河系中找到两颗在天球上如此接近的恒星。[3]

银河系中前景恒星近距离经过背景恒星的概率确实非常小。与相邻恒星之间的巨大距离相比，恒星本身占据的空间很小。我们可以把微引力透镜事件视为两颗恒星在天球上的投影相互靠近时的碰撞。该碰撞的散射截面 σ 由叫作爱因斯坦半径的物理量 R_E 决定，即 $\sigma_{\text{lens}} = \pi R_E^2$。背景恒星发出的光经过以前景恒星为中心、$R_E$ 为半径的区域时，就会发生相互作用。

在该框架下，我们可以通过考虑爱因斯坦环覆盖的区域面积与天球总面积之比，来估计任意时刻微引力透镜事件出现概率的数量级。考虑银河系中的某个空间区域，其在天球上的投影面积为 A①，深度为 D_S，后者代表观察者与背景恒星之间的距离，于是这个区域的体积为 $V = D_S A$。设该区域内的恒星数密度为 $n_\star$，那么其中的恒星总数为 $N_\star = n_\star D_S A$。这 $N_\star$ 颗恒星中，每一颗都有相应的微引力透镜散射截面。所有这些微

① 此时很自然的问题是："但是我们知道 A 的值吗？"在这种情况下我会告诉学生，不要担心！概率（或者比率）最终会表示为单位面积的测量结果，因此我们相信 A 在后续推导中会消掉。天文学中经常出现这种情形。——作者注

引力透镜散射截面之和与该区域在天球上投影面积 A 的比值，即为在任意给定时刻出现微引力透镜现象的概率 P_{lens}：

$$P_{\text{lens}} = \frac{n_{\star} D_S A \sigma_{\text{lens}}}{A} = n_{\star} (\pi R_E^2) D_S \qquad (4.1)$$

如果我们试着将不同参数缩放，就能发现这个关系是合理的。若恒星数密度增大，那么发生微引力透镜事件的概率也相应提高。同样，如果微引力透镜散射截面变大，那么出现微引力透镜现象的概率也会变大。最后，倘若我们能够看到银河系之外，就会看到更多的恒星，并得到更高的微引力透镜出现概率。

在下一节中我们将看到，银河系中典型恒星的爱因斯坦半径约为 2 天文单位，或者说 $R_E \approx 10^{-5}$ pc。为了对数量级有个粗略认识，我们可以用太阳系附近的情况来估计 $n_{\star}$。在太阳周围 2 秒差距的范围内共有五颗恒星：太阳，南门二（即半人马座 α）三合星系统，以及巴纳德星。因此，在 33 立方秒差距的区域内有五颗恒星，相应的恒星数密度即为 $n_{\star} = 0.15$ pc^{-3}。大多数源恒星所在位置离银河系中心很远（$Ds \approx 8\,000$ pc），最后的结果则是 $P_{\text{lens}} \approx 4 \times 10^{-7}$，也就意味着发生微引力透镜事件的概率小于百万分之一。该结果也与基于观测到的银河系恒星分布而进行的更详细的计算在数量级上相同。[4]

也就是说，微引力透镜事件几乎不可能发生，如果想要

每年发现相当数量的微引力透镜事件，就需要定期监测数亿颗恒星的亮度。在爱因斯坦的时代，这样的任务绝对令人望而生畏。利用望远镜将光线传输到感光干板即可监测大视场，可分析感光干板是个极度耗时的任务，测量每块感光干板上各恒星的光通量也很耗时间。两项任务都只能依靠手和眼来完成。在晴朗夜晚的观测中，每次曝光都会记录数百万颗恒星，单靠人力不可能做到。

而今在给宽视场自动望远镜配备了现代数字探测器之后，每晚都能观测数亿颗恒星，并可利用强大的计算机集群自动测量它们的亮度。因为每晚都能观测大量恒星，所以小概率事件也有很大可能会发生。在下一节中，我将介绍微引力透镜事件的基本几何原理，并推导出微引力透镜光变曲线的显著特征。

4.1 微引力透镜的几何原理

当源恒星和透镜恒星在视线方向对齐时，背景恒星的像是一个环。图 4.1 的右图所示为源恒星的爱因斯坦环，它是前景透镜恒星对源恒星成的像。（请注意：实际的透镜恒星通常比背景源恒星暗得多。）这个环的半径即爱因斯坦半径 R_E，当观测距离为 D_L 时，对应的角半径为 θ_E。如果两颗恒星在视线方向没有严格对齐，则会得到背景恒星一小一大的两个发生了畸变的像，其中小像位于爱因斯坦环内，大像则位于环外。

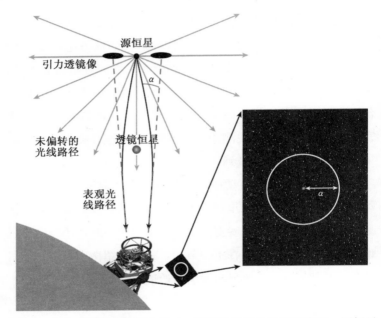

图 4.1 存在透镜恒星的引力场时，源恒星光线的轨迹示意图。源恒星发出的光各向同性，只有很少量光子的轨迹终点为观测者的望远镜。然而，某些光子的轨迹被源恒星①弯曲到了能被观测到的新轨迹上。如果在光子轨迹末端作反向延长线，会发现它并不会终止于源恒星处。相反，它们会终止在源恒星的表观位置并形成一个像。如果源恒星和透镜恒星在视线方向严格对齐，那么所成的像应该是如右图所示的环，不过此处显著夸大了比例。恒星弯曲来自其他恒星的光线时，可以观察到同样的透镜现象。然而，引力透镜像的角半径 α 太小，即便用目前最大的望远镜也无法分辨。

---

① 此处的"源恒星"似乎应该改为"前景恒星"或者"透镜恒星"。——译者注

在引力透镜事件中，观察者看到的光包括在正常情况下可以观察到的源恒星光，以及弯曲到观察者视线方向的额外光。来自源恒星与其引力透镜像的光之和就是导致星光变亮的原因。如果引力透镜像的角尺度大到足以用望远镜分辨（角秒尺度），就叫作巨引力透镜；而当像的角尺度太小，通常为微角秒尺度（μas）而无法观察时，则叫作微引力透镜。

若有行星围绕透镜恒星运行，其轨道半长轴与 R_E 相当，那么这颗行星或许能充当次级透镜。实际上，理解为行星弯曲了来自源恒星像的光线更简单。换句话说，在正确的构型下，可以认为行星对背景源恒星的引力透镜像又成了一次像。这种次级变亮——或者变暗（取决于具体的构型）——的现象可以用来探测并表征遥远的行星系统。

微引力透镜说到底是一种相对论效应，理解它需要了解广义相对论的细节。不过，我们也可以在经典的牛顿力学框架内导出引力透镜效应，它能够为理解不同的物理参数如何产生微引力透镜光变曲线提供感性认识。让我们来考虑光子从质量为 M 的透镜恒星附近经过的轨迹，并将光子与恒星之间的最近距离记为 b，即碰撞参数（impact parameter），它类似于用来表征凌星系统的变量。可以想象光子会感受到指向透镜恒星的引力。这个力平行于天空平面的分量会使光子的速度改变 $\Delta v \approx (GM_{\text{lens}}/b^2)\Delta t$。为了让推导更快、更简单，我在这里用 $\Delta v/\Delta t$ 代替了导数 dv/dt，并假设在相互作用过程中垂直于光子轨迹的力保持恒定——这些假设都可以通过证明证实其有道理。

现在，我们来考量相互作用的时间 Δt。如果我们使用近似，可以假设光子在以光速 c 运动的过程中，能感受到引力的区间长度为 $2b$，在这种近似下有 $\Delta t = 2b/c$。因为偏转角很小，引力造成的偏转角为 $\alpha = \Delta v/c$，或者写成 $\alpha = 2GM/bc^2$。请注意，这个试探性推导的结果比考虑了相对论的、更严格的推导结果小一半，后者为

$$\alpha = \frac{4GM}{bc^2} \tag{4.2}$$

结果相差个因子 2 也不错，因为这是在用牛顿力学处理本质上是相对论效应的问题！

对公式 4.2 的研究表明，随着透镜恒星质量增加，偏转角也随之增大，这是因为时空被更大质量的物体弯曲得更厉害。如果源恒星和透镜恒星的碰撞参数 b 较小，那么微引力透镜效应就会更强。最后，当 $b \to \infty$ 时，有 $\alpha \to 0$。

现在，设想与地球距离为 D_L 的透镜恒星，以及与地球距离为 $D_S > D_L$ 的源（背景）恒星，如图 4.2 所示。典型的源恒星位于银河系中心，因此 $D_S \approx 8\,000$ pc；而典型的透镜

恒星大概在离银河系中心一半的位置，因此 $D_L \approx 4\ 000$ pc。如果视线指向源恒星，那么源恒星和透镜恒星的角间距为 β。所成的像（图中显示的是大像）与透镜恒星的角间距为 θ，而与源恒星的角间距为 α'①。

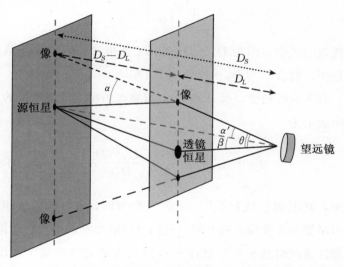

图 4.2　引力透镜事件的几何原理，从源恒星（左）发出的光线经过透镜恒星到达观察者的望远镜（右）。多边形表示源恒星和透镜恒星各自的天空平面。图中标出了透镜恒星和源恒星之间的夹角（β），透镜恒星和像的夹角（θ），以及源恒星和像的夹角（α'）。观察者与透镜恒星的距离记为 D_L，而观察者与源恒星的距离记为 D_S。透镜恒星的引力使光子偏转的角度记为 α。

---

①　原文作"α"，而从上下文来看，此处应为"α'"。——译者注

透镜公式（lens equation）把这些不同的角度联系了起来，可给出 $\beta = \theta - \alpha'$，这里的 α' 与公式 4.2 中的 α 不同。观察图 4.2 可以发现，α' 和 α 之间存在基本的几何关系：

$$\alpha' = \left(\frac{D_S - D_L}{D_S}\right)\alpha \tag{4.3}$$

在该表达式中，因为 $D_S - D_L$ 和 D_S 都很大。假定这些角度都很小，就有 $\alpha/(D_S - D_L) \approx \alpha/D_S$[①]。

利用这些角度以及公式 4.2，可将源恒星与透镜恒星的角间距表示为

$$\beta = \theta - \alpha' = \theta - \frac{4GM}{\theta c^2}\left(\frac{D_S - D_L}{D_S D_L}\right) \tag{4.4}$$

式中，我用 θD_L 代替了 b。注意当 $\beta \to 0$ 时，亦即源恒星和透镜恒星都落在视线方向上时，我们可以解出 θ 的一个特殊值。还须注意此时透镜恒星周围所有的光线都会弯曲这个角度，因而所成的像是一个环，其角半径为

$$\theta_E \equiv \left[\frac{4GM}{c^2}\left(\frac{D_S - D_L}{D_S D_L}\right)\right]^{1/2} = \left[\frac{4GM}{c^2}(D_L^{-1} - D_S^{-1})\right]^{1/2}$$
$$\tag{4.5}$$

———————————————————

① 此式有误，应写作 $\alpha'/(D_S - D_L) \approx \alpha/D_S$，作者或将 α' 误写成了 α。——译者注

按照高迪的做法[5]，我们可以将公式 4.5 重写为关于相对视差① $\pi_{\text{rel}} = \text{AU}(D_L^{-1} - D_S^{-1})$ 和新项 $\kappa = 4G/(c^2\text{AU}) = 8.14\ \text{mas}M_\odot^{-1}$ 的式子，这样就有

$$\theta_E \equiv (\kappa M \pi_{\text{rel}})^{1/2} \tag{4.6}$$

从量级上来考虑，典型的源恒星位于银河系中心附近，$D_S = 8\ \text{kpc}$，这里的 kpc 指千秒差距（1 000 秒差距）。典型的透镜恒星位于离银河系中心一半的位置，$D_L = 4\ \text{kpc}$。这些典型的距离对应于 $\pi_{\text{rel}} = 125\ \mu\text{as}$。现在，我们可以导出一个更有用的定量关系，它将爱因斯坦环的角半径用 M、D_L 和 D_S 的典型值表示了出来：

$$\theta_E = 1\ \text{mas}\left(\frac{M}{M_\odot}\right)^{1/2}\left(\frac{\pi_{\text{rel}}}{125\ \mu\text{as}}\right)^{1/2} \tag{4.7}$$

---

① 视差是观察者的物理运动引起天体在天球上的视运动。在四分之一年内，地球上的观察者会随着地球在轨道上移动 1 天文单位。在这段时间开始和结束时，1 秒差距以外的恒星相对于遥远的静态背景恒星看起来会移动 $\pi = \text{AU}/\text{pc} \approx 5 \times 10^{-6}\ \text{rad}$ 的角距离。1 弧度有 206 625 $\approx$ 2×10^5 角秒，因此以 1 天文单位的基线来观察距离为 1 秒差距的恒星时，恒星的视差为 1 角秒，这就是秒差距（parsec）一词的来源。在本章中，大多数距离的量级为 1 kpc = 1 000 pc。距离为 1 千秒差距的恒星的视差是距离为 1 秒差距的恒星视差的千分之一，或者写成 $\pi = 10^{-3}\ \text{as} = 1\ \text{mas}$。——作者注

在推导透镜恒星对源恒星光线产生的时变效应时，用 θ_E 作单位来表示不同的角度会很有帮助。这样就有了两个新变量 $u = \beta/\theta_E$ 和 $y = \theta/\theta_E$。因为 β 是源恒星与透镜恒星之间的角间距，所以 u 是该角度以 θ_E 为单位时的值。同样地，y 是透镜恒星与像之间的约化角间距。将这些变量代入公式 4.4，即可得到简化后的关系

$$u = y - y^{-1}$$
$$y^2 - uy - 1 = 0 \tag{4.8}$$

我们对大像和小像的位置 y_+ 和 y_- 很感兴趣，它们是方程 4.8 的根：

$$y_+ = \frac{1}{2}\left(\sqrt{u^2+4}+u\right)$$

$$y_- = -\frac{1}{2}\left(\sqrt{u^2+4}-u\right) \tag{4.9}$$

作为能量守恒的推广，单位立体角内的光通量也是守恒量。因此，当源恒星畸变的像贡献了沿视线方向的额外光时，源恒星的表观亮度就增加了，这也就是所谓的放大率[1]。放

---

[1] 对微引力透镜来说，其放大率指的并不是线放大率或者角放大率，而是亮度放大率。——译者注

大率等于 $y_{\pm} dy$ 与 $u du$ 的比值（见图 4.3），亦即

$$A_{\pm} = \left| \frac{y_{\pm}}{u} \frac{dy_{\pm}}{du} \right| \tag{4.10}$$

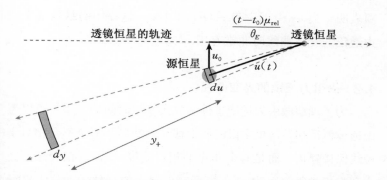

图 4.3　本图说明了两种效应。黑实线显示的是透镜恒星的路径（沿着水平虚线从左到右），源恒星和透镜恒星之间的约化距离 $u(t)$，以及最小约化碰撞参数 u_0。放大率的量级约为 $A \propto 1/u(t)$。源恒星经透镜所成的一个像位于 y_+，又因为源恒星表面亮度守恒，这个像会比源恒星亮。源恒星的像在径向的压缩率为 dy_+/du，而在切向的拉伸率为 y_+/u，这样就得到了公式 4.11 给出的放大率。

将公式 4.9 对 u 求导，即可给出 $dy_{\pm}/du$。将公式 4.8 和 4.9 代入公式 4.10 后，就得到了总放大率关于时间的函数：

$$A(t) = A_+ + A_- = \frac{u(t)^2 + 2}{u(t)\sqrt{u(t)^2 + 4}} \tag{4.11}$$

这个函数在 $u \to 0$ 时形式上趋于无穷大，但这只在透镜恒星无限小时才成立。实际的透镜恒星有一定大小，所以放大率不可能无限大。不过，我们可以在 $u = 0$ 附近对 $A(u)$ 作级数展开，来观察 u 很小时放大率如何变化。级数展开的一阶项表明，当 $u \to 0$ 时，有 $A(u) = 1/u$，这在用肉眼判读微引力透镜的光变曲线时非常有用。

4.2　微引力透镜的光变曲线

为了理解微引力透镜事件中放大率与时间的关系，可以考虑透镜恒星和源恒星在银河系中移动的情形。恒星不会相对于视线保持静止，而是有个非零的相对速度 v_{rel}，它在天球上会表现为相对角向运动 μ_{rel}。恒星在天球上的这种运动称为自行（proper motion），通常以毫角秒每年（毫角秒指 10^{-3} 角秒，记作 mas）作为测量单位。然而在计算时，我们应确保使用弧度每秒作为单位。

这种相对自行将导致恒星之间的投影距离 u 随着时间而改变。两颗恒星首先会相互靠近，在这个过程中，u 会逐渐降到某个最小值 u_0，此时两者在天球上的投影最接近，同时放大率也达到最大值。当 u_0 很小时，这点很容易理解，因为 $u \to 0$ 时，$A \to 1/u$。随着恒星彼此掠过并移向远处，A 将按照与放大率增加过程相对称的方式减小。

分析图 4.3 所示的几何构型可以导出投影间距 $u(t)$ 与时间的关系。图中源恒星位于坐标原点,透镜恒星从左向右移动。不要忘了所有角度均以爱因斯坦半径为单位来表示,不过图中没有说明这一点。记天体的相对速度为 $\mu_{\rm rel}$,恒星投影之间最接近的时刻为 t_0,并将 t_0 时刻作为测量 t 时刻发生的所有事件的时间基准。透镜恒星与 u_0 位置的垂直距离为 $\mu_{\rm rel}(t - t_0)$。根据几何关系,即可写出投影间距 u 与时间的函数关系:

$$u(t) = \sqrt{u_0^2 + (t - t_0)^2 \left(\frac{\theta_E}{\mu_{\rm rel}}\right)^{-2}} \tag{4.12}$$

现在,我们来定义爱因斯坦环的特征穿越时间

$$t_E \equiv \theta_E / \mu_{\rm rel} \tag{4.13}$$

它可以简单理解为源恒星以角速度 $\mu_{\rm rel}$ 穿过角间距 θ_E 所用的时间。利用该新变量,可以将公式 4.12 写成

$$u(t) = \sqrt{u_0^2 + \left(\frac{t - t_0}{t_E}\right)^2} \tag{4.14}$$

代入公式 4.6,并代入若干典型数值之后,就能对 t_E 给出更实用的定量表达式,它是不同物理参数的函数:

$$t_E \approx \left[35 \text{ 天}\right] \left(\frac{M}{M_\odot}\right)^{1/2} \left(\frac{\pi_{\text{rel}}}{125 \ \mu\text{as}}\right)^{1/2} \left(\frac{\mu_{\text{rel}}}{10.5 \text{ mas} \cdot \text{年}^{-1}}\right)^{-1}$$

$$(4.15)$$

这样一来，微引力透镜的光变曲线就能用峰值放大率时刻 t_0、爱因斯坦环的特征穿越时间 t_E 和约化碰撞参数 u_0 这三个量来参数化。其中，前两项能用肉眼直接从光变曲线中判读出来，曲线的峰值位置和宽度分别对应 t_0 和 t_E。如果假设 $A_{\text{max}} = 1/u_0$，此处 A_{max} 是峰值亮度与不存在引力透镜时亮度基线的比值，那么碰撞参数也可以根据峰值放大率估计出来。

需要重点指出的是，以上的简化图景只考虑了源恒星与透镜恒星这两颗恒星。然而在实际观测中，透镜恒星-源恒星系统周围的角区域内还有其他恒星，它们会污染并改变光变曲线的形状。与其单独测量源恒星的放大率，不如测量光通量的增量 $F_{\text{tot}} = A(t)F_\text{源} + F_{\text{BG}}$，这里的 $F_\text{源}$ 是源恒星的光通量，而 F_{BG} 是来自透镜恒星和附近其他混杂恒星的光。考虑混杂光是基于测得的光变曲线来对物理参数合理建模的关键。[6]

孤立恒星的微引力透镜现象对研究银河系另一侧恒星的性质很有用。微引力透镜事件的亮度放大效应可以增加望远镜的有效尺寸，并为研究那些通常太暗而无法分析光谱的遥远恒星打开了新的窗口。然而，在恒星和它们的行星充当透镜时，该技术就成了一种寻找和研究系外行星的方法。

4.3 行星的微引力透镜信号

现在，想象源恒星与透镜恒星严格对齐，并假设透镜恒星有一颗行星，它与透镜恒星的投影距离为 $\rho = \theta_E$，于是这颗行星将正好落在爱因斯坦环上。又因为这颗行星质量很大，它能对环上的光起引力透镜作用，这会使环稍微变亮一些，其原因与引力透镜令源恒星变亮完全相同①。这种情况也适用于未严格对齐的情形，因为大像和小像的角距离 $y_\pm$ 与 θ_E 相当。图 4.4 正说明了这种情况。

那么围绕透镜恒星运行的行星，其投影距离是否有可能与 θ_E 相当？如果 θ_E 对应 1 000 天文单位的距离，我们恐怕不会认为行星能和它们的母恒星共同充当引力透镜。同样，如果该距离小于恒星半径，我们也就不用指望获得行星的微引力透镜信号了。现在让我们来计算一下。

在距离为 D_L 处，小角 $\theta_E \approx R_E / D_L$，$R_E$ 是实际的爱因斯坦环半径。根据公式 4.7，当源恒星位于银河系中心（$D_S \approx 8$ kpc）时，距离为 $D_L \approx 4$ kpc 且质量为 $0.5 M_\odot$ 的透镜恒星的 θ_E 大约为 0.71 mas，相应有

$$R_E \approx \theta_E D_L = 2.85 \text{ AU} \qquad (4.16)$$

---

① 然而如果行星穿过了爱因斯坦环内部的小像，那它将使亮度下降而不是上升。[7]——作者注

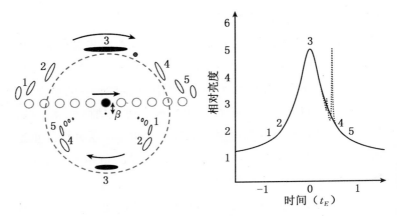

图 4.4 投影在天球上的微引力透镜时间序列

左图：由于存在相对自行，源恒星（灰色圆）以碰撞参数 β 朝透镜恒星（图中心的小点）移动。透镜恒星周围的灰色虚线为爱因斯坦环。源恒星接近透镜恒星时，会成两个像：位于爱因斯坦环外的大像，以及位于环内的小像（均用黑色空心椭圆表示）。当源恒星从左向右移动时，所成的像沿顺时针从位置 1 移向位置 5。透镜恒星的行星（小灰点）在位置 3 和位置 4 之间。

右图：假定附近不存在混杂光源时，最终的光变曲线是来自源恒星、透镜恒星和引力透镜像三者的总光通量，它相对于源恒星亮度来说放大了。在位置 3 和位置 4 之间，行星的引力场也充当了透镜，这会使亮度额外增大（或者减小）一些。图片改编自高迪论文[8]的图 1。

该距离差不多是太阳系小行星带的半径，因此我们完全可以认为，透镜恒星周围的行星离它的距离接近爱因斯坦环的尺寸。我一直觉得，银河系的规模和引力的性质居然共同导致了爱因斯坦环半径和行星轨道半长轴相当，这实在太不可思

议了！这是某些愉快的巧合之一，每当我感到不走运，例如因为天气原因而浪费了一个观测夜的时候，我都会拿它们来提醒自己。

这颗行星可以认为是个独立的透镜，它也有自己的 t_E 和 θ_E。一般来说，有 $t_E \sim M^{1/2}$，因此相比于恒星的引力透镜信号，行星引力透镜信号的持续时间要短得多。举个例子，对于围绕 0.5 倍太阳质量的 M 型矮星运行的木星来说，其微引力透镜光变曲线的持续时间仅为初级信号的 3%（大约 1 天），而地球质量的行星产生的信号仅持续 1 小时。

我们也无法精确测量行星的质量，其原因和无法测量透镜质量的原因相同：通常来说，我们不知道透镜星体与源恒星的准确距离。不过因为透镜恒星和行星有着相同的距离 D_L，可以通过测量光变曲线持续时间的比值来推算它们的质量比：

$$q \equiv \sqrt{\frac{M_P}{M_\star}} = \frac{t_{E,P}}{t_{E,\star}} \qquad (4.17)$$

式中的 $t_{E,\star}$ 和 $t_{E,P}$ 分别是质量为 $M_\star$ 的恒星和质量为 M_P 的行星各自爱因斯坦环的穿越时间。因此，透镜恒星和行星的光变曲线宽度比提供了一种测量行星与恒星质量比的方法。

最后，恒星与行星的距离 s 包含在恒星和行星光变曲线最大值的延迟时间里。不过，这个时间是以 $t_{E,\star}$ 为单位的测量值，它只能给出行星和恒星之间的约化距离 $s \equiv a_P / R_E$，a_P 指行星和恒星在天球平面上投影的物理间距。因此，该方法和其他行星探测方法一样，为了正确表征行星，需要先知道宿主恒星的性质。

4.4 微引力透镜巡天

正如我们在本章开始时所看到，在任一时刻发生微引力透镜事件的概率约为百万分之一。这并没有中彩票的概率那么低，但也确实不太可能。就像人们原则上可以购买数百万张彩票以增加中奖机会那样，把发现微引力透镜事件从不太可能变成可能的方法就是监测数百万颗源恒星，并等待透镜恒星因其自行而慢慢移动。

寻找大量源恒星的最佳位置是星系中心，它也叫星系核球。从地球上看，这些密集的恒星场位于天球的南半球。两个非常成功的微引力透镜巡天例子是光学引力透镜实验（Optical Gravitational Lensing Experiment，OGLE）[9] 和天体物理学微引力透镜观测（Microlensing Observations in Astrophysics，MOA）[10]。像 MOA 和 OGLE 此类微引力透镜巡天的最初目标是寻找被称为晕族大质量致密天体（MAssive Compact Halo Objects，MACHOs）的大质量冷暗物质。虽然人们从未大量发现 MACHOs，但也探测到了许多恒星级

微引力透镜事件。

在 20 世纪 90 年代末和 21 世纪初，OGLE 和 MOA 所用的望远镜视场（fields of view，FOV）很大，但可惜探测器太小，不能覆盖大部分有效视场。在 OGLE 和 MOA 最开始的行星巡天中，探测器只能覆盖约 0.25 平方度，因此需要频繁调整望远镜指向，进而每天只能观测 1—3 次。虽然这种观测频率足以探测持续数十天的引力透镜事件，但这个频率还是太低，并不能覆盖那些时间尺度为几天到几小时的行星引力透镜事件。这使得人们开始采用古尔德和勒布提供的"预报和跟踪"方案。[11]

该方案的第一步是，通过观察恒星逐渐增加的光通量来确认正在进行的高放大率事件。一旦接到进行中的微引力透镜事件的预报，第二步就是将预报发送给世界各地的小型望远镜网络。其中部分望远镜是配有 CCD 成像仪的 1 米级专业望远镜，例如引力透镜异常探测网（Probing Lensing Anomalies NETwork，PLANET）所用的望远镜[12]。该网络中的其他望远镜由业余爱好者操作，口径从 0.3—1 米不等。这种网络的一个例子是微引力透镜跟踪网（Microlensing Follow-Up Network）或者简写为 μFUN（读作"micro-fun"），它是业余天文学家能够为系外行星科学做出重大贡献的众多方式之一（业余人士参与凌星跟踪观测是另一种方式）。

目前，这一代宽视场微引力透镜巡天利用了大型 CCD 探测器阵列。[13]升级后的智利 OGLE-IV 望远镜口径为 1.3 米，视场为 1.4 平方度，主要监测银心区域。①升级后的 MOA-II 望远镜位于新西兰，具有 1.8 米的口径和 2 平方度的视场，而它的目标视场也在银心附近。[14]除了这两台升级过的望远镜，以色列怀斯天文台（Wise Observatory）的 1 米望远镜也加入了进来，它配备的成像仪视场为 1 平方度。②这三台望远镜专用于微引力透镜测光，并组成了沿经度方向分布的网络，在天气允许的情况下，至少有一个地点处于夜间。此外，这些望远镜的大视场允许每 10—20 分钟就观测一次，因此减少了对不同跟踪资源的需求。由于探测器尺寸的进步，这一代微引力透镜巡天能够同时开展预报和跟踪，进而每年能探测到更多具有同等数据质量的事件。

到目前为止，人们已经利用微引力透镜技术探测到了 18 颗行星，其中包括两个双行星系统。图 4.5 中，给出了用两步法进行微引力透镜行星探测的例子。需要注意的是，刚开始时取样点非常稀疏，每晚只有一两次测光。而当放大率增加时，跟踪望远镜的网络就会收到预报，开始以更高的频率

---

① http://ogle.astrouw.edu.pl/main/tel.html——作者注

② http://wise-obs.tau.ac.il/news/exoplanets.html——作者注

开展测量，并在光变曲线升到最大值时作密集采样。在放大率降低时，密集的时间采样仍在继续，直到在 8 月 10 日前后观测到了候选行星次级放大的尖峰。行星的信号只持续了不到一天，不过好在有四台不同的望远镜观察到了这个信号。

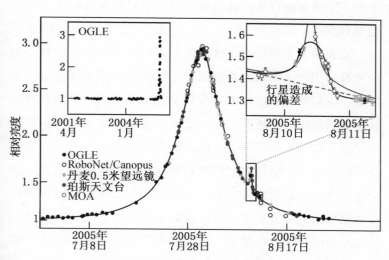

图 4.5 微引力透镜事件 OGLE-2005-BLG-390 的光变曲线

　　黑色实心圆是 OGLE 巡天望远镜夜间观测的结果。在 2005 年 7 月 23 日前后发现放大率增加之后，一个小型望远镜网络开始以更高的频率开展额外的测光工作。2005 年 8 月 10 日前后出现了明显的次级放大事件，其原因是有颗行星对源恒星的引力透镜像再次成像。对应于该光变曲线的行星质量为地球质量的 5.5 倍，它在 2—4 天文单位之外围绕一颗红矮星（透镜恒星）运动。源恒星是位于银河系中心附近的红巨星。[15]

拟合得最好的模型包含一颗距离为 $D_L = 6.6 \pm 1.0$ kpc，质量约为太阳质量 20% 的红矮星，伴有一颗质量 $M_P = 5.5 M_\oplus$ 的行星在 3 天文单位之外绕其运行。除了微引力透镜方法外，尚无别的方法能探测到轨道半径超过 1 天文单位同时质量小于海王星质量的行星，这说明微引力透镜技术开辟了它特有的参数空间。

　　现在和未来的微引力透镜巡天正在朝着分布于世界各地的宽视场望远镜专用网络发展。这种做法与宽视场凌星巡天类似，它们都把望远镜布置在某个经度范围内，以确保能连续覆盖目标视场。然而，微引力透镜巡天所监测的源恒星比凌星巡天的目标要暗得多，因此需要大得多的望远镜。这些专用的望远镜网络将对它们的目标视场作高频率的观测，甚至还会观测低放大率（大 u_0）事件以提供更大的行星探测样本。微引力透镜方法甚至对质量低于地球质量且离恒星几个天文单位的行星也很敏感，它将在当下其他所有探测技术均无法达到的参数空间中提供行星形成的重要信息。

第五章　直接对行星成像

　　我发现了四颗新的行星，还观察到了它们优美而独特的运动，它们各自的运动互不相同，且有别于其他所有星体的运动方式，这胜过了世间任何奇迹。

　　——伽利略《致托斯卡纳法院的信》（1610 年 1 月 30 日）

　　目前为止所介绍的所有行星探测技术，都只能间接探测到某颗恒星周围有行星存在。多普勒频移法，或称视向速度技术，可以探测到行星对宿主恒星的引力作用；凌星法探测不透明的行星掩食宿主恒星时造成亮度的微弱下降；微引力透镜法探测的是行星的引力场对时空的弯曲，这会使得背景恒星的亮度增强。使用上述探测技术时，并不能直接看到行星。相反，我们观察到的是恒星光线的改变，用它来间接证明行星存在。

　　这就引出了探测系外行星的第四种方法：直接成像法。它可理解为给恒星和它旁边的行星拍照。通过直接观察来发现行星是最古老的行星探测技术，可以追溯到通过观察来发现太阳系中的其他行星：相对于静止的恒星背景，明亮的太阳系行星会在天球上移动。太阳系行星常常是夜空中最亮的星体，因而很容易被探测到，直接探测其他恒星周围的行星却要困难得多，这有两个主要原因：它们太暗，而且离极端明亮的宿主恒星又太近。

这两个问题与对比度（contrast）和角分辨率（angular resolution）这两个概念有关。对比度指的是恒星和行星光通量的比值，这个比值通常来说非常大。恒星的能量来自它们内部强烈的核聚变反应，而行星发光要么是反射恒星一小部分光线，要么来自行星形成的副产品之一——热辐射。行星不仅比宿主恒星暗得多，而且和恒星在天球上挨得很近，因此很难将其和恒星区分开来。相比于观察者和恒星-行星系统的距离，行星与宿主恒星的间距非常小。如果仪器的角分辨率不够高，两个光源将会混合在一起，而使行星淹没在近旁恒星的光芒中。因此，直接对行星成像最大的挑战在于，把行星那极其微弱的像从宿主恒星强烈的光芒中分离出来。

5.1 角分辨率的问题

与之相关的第一个问题：从远方观察时，行星和恒星看起来有多近？设恒星与观察者的距离为 d，行星绕宿主恒星公转的轨道半长轴为 a，那么角距离 θ 可以表示为 $\theta = \sin^{-1}(a/d)$。a 是行星轨道的半长轴，为简单起见，可假设是沿极向观察。

只要半长轴相对于星体离我们的距离来说是一个小量，亦即 $a \ll d$，那么就有 $\sin^{-1}(a/d) \approx a/d$。但也因为 $d \gg a$，行星看起来会离恒星非常近。这里的"近"指的是行星和恒星在天球上投影的角距离非常小，因此从星光中分辨出行星的光线非常困难。

　　望远镜的角分辨率指的是它分辨天球上两个光源角间距的能力。如果两个物体不能被区分开，成像时它们的光线会混合，进而看起来像是单个物体。高角分辨率意味着能够测量天球上更小的角间距。望远镜光阑（它的主透镜或者主反射镜）的尺寸是对角分辨率最主要的限制，更大的光阑可以提供更高的极限角分辨率。极限角分辨率也被称为望远镜的"衍射极限"，它由 $\theta_{\min} = 1.22\lambda/D$ 给出。式中，λ 是观测时的波长，D 是望远镜的直径，需要注意 λ 和 D 的单位必须相同。

　　使用近红外波段（比如在凯克 10 米望远镜上使用 1.6 微米的波段）观测时，其极限角分辨率为 $1.22 \times (1.6 \times 10^{-6} \,\mathrm{m})$ / $(10 \,\mathrm{m}) = 2 \times 10^{-7} \,\mathrm{rad}$。弧度在三角学中非常有用，但在天文学中，小角度通常用弧秒或者角秒作单位。1 角分等于 60 角秒，而 1 度等于 60 角分，因此 1 角秒只是 1 度的很小一部分（1/3 600）。观测天文学家通常会记住从弧度到角秒的简单换算系数：1 弧度等于 206 625 角秒，也就是说 1 弧度约为 20 万角秒。因此，10 米望远镜在 1.6 微米波段下的衍射极限是

0.04 角秒（或 40 毫角秒）。

举个具体的例子，木星轨道距离太阳 5.2 天文单位。按照秒差距的定义，1 秒差距等于 206 625 天文单位，因为 1 弧度等于 206 625 角秒。[①]因此，从 10 秒差距之外来看，木星与太阳的角距离为 θ = 5 AU/10 pc = 500 mas。在凯克望远镜的衍射极限下，很容易分辨我们此处假想的行星和恒星。然而，如果行星沿木星那样的轨道围绕距离我们 100 秒差距的恒星运动，那么角间距将缩小到 0.05 角秒（或 50 毫角秒），于是使用 10 米的凯克望远镜在 1.6 微米波段上也只能勉强将其区分开来。从理论上说，这样的探测虽然非常困难，倒也勉强可行，然而在实践中还有其他的干扰因素。

对于地基望远镜的观测来说，最重要的干扰因素是望远镜和恒星-行星系统之间那层薄薄的大气。地球大气存在温度波动，它表现为冷暖空气团的形式，并随风在望远镜上空移动。你乘坐飞机时感受到的紊流就是这些空气波动，它们也会影响我们在地表看到的天体图像。这是因为不同温度的空气具有不同的折射率，当光线穿过这些或冷或热的区域时，会沿着不同的方向弯曲。

---

① 地球移动 1 天文单位时，距离地球 1 秒差距的星体会移动 1 角秒。——作者注

星光的偏折使得星星看起来在闪烁，因为有些偏折角度对应的路径会到达我们的眼睛，而另一些则不能。如果曝光时间超过几秒，那么湍流也会使星像变得模糊。天文图像中的这种模糊效果与"视宁度"有关。若夜间空气非常稳定，就称有很好的视宁度，在红外波段上也许是 0.4 角秒。夜间视宁度很差时，肉眼也能看得非常清晰，但望远镜中的星像则会让观测者大失所望，它能模糊成几个角秒大小的光斑。

因此，即便在很好的视宁度条件下，地球大气也对实际角分辨率作出了极为严格的限制，这个极限可以比衍射极限差几个数量级。举例来说，冒纳凯亚火山的夜间视宁度很好时也许能达到 0.4 角秒，而凯克 10 米望远镜的衍射极限是 0.04 角秒。一种解决方法是使用空间望远镜——如哈勃太空望远镜（Hubble Space Telescope，HST）或未来的詹姆斯·韦伯太空望远镜（James Webb Space Telescope，JWST）——在地球大气层外观察。太空望远镜承担着各式各样繁重的天文学研究任务，哈勃太空望远镜的确是直接观察行星的有力工具，可其实很难获得观测时间。另一方面，尽管哈勃太空望远镜如此伟大，它 2.4 米的主反射镜相比来说还是小了些，这也限制了它所能达到的分辨率。

幸运的是，有一种技术方案能够使地基望远镜具有高角分辨率。如果地球大气使来自天体的光发生了畸变，人们可以让望远镜的光路变形以作补偿。这种技术称为"自适应光学"，它通常应用于世界上最大的那些望远镜，以获得达到衍射极限的图像。

5.1.1　自适应光学

设想距离为 $d \gg R_\star$ 的恒星，此时恒星表面不可分辨，因而看起来是天空中的点光源。恒星发出的光大致各向同性（即朝向所有方向），它在空间中传播时一系列连续的波阵面可以被视为同心球壳。当这些波阵面到达遥远的观测者处时，其曲率半径非常大，因而看上去是无限延展、相互平行的平面波波阵面。在望远镜探测到这些波（光子）时，光强分布作为天球上角度的函数，会被重新映射到望远镜探测器的特定位置。这个映射等价于从天球上的角频率到探测器空间位置的傅里叶变换[①]。

图 5.1 左上图给出了这些相互平行的平面波波阵面入射到直径为 D 的望远镜光阑上的一维表示。所得的透射函数近似于礼帽的形状，光阑以外透射率为零，而在望远镜光轴两

[①]　考虑到本书的目的，可以将带有透镜的光学系统视为"傅立叶变换器"。我在书中给出了傅里叶光学的启发式示例，只是为了说明自适应光学系统如何工作。事实上，对傅立叶光学的正确处理已经超出了本书的范围。——作者注

侧 $\pm D/2$ 区域内透射率非零。光学系统的作用等价于对这个礼帽函数作傅里叶变换，从而得到形如 $\sin(x/D)/x$ 的 sinc 函数。和所有的傅里叶变换函数对一样，其中一个函数的特征宽度与另一函数的特征宽度成反比。望远镜口径 D 越宽，sinc 函数就越窄。

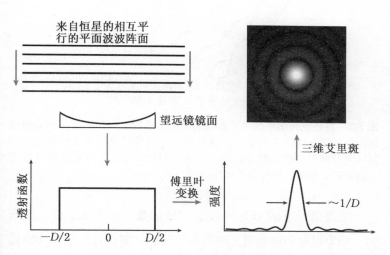

图 5.1 望远镜光路简化的一维表示。来自遥远光源、相互平行的平面波波阵面入射到直径为 D 的望远镜光阑上（左上图）。相应的透射函数是礼帽函数，光阑外的透射率为零（左下图）。成像光学系统会对透射函数作傅里叶变换而得到 sinc 函数，其宽度与望远镜直径成反比（右下图）。二维情形的 sinc 函数即为右上图所示的艾里函数，它也叫作成像系统的点扩展函数（point spread function, PSF）。其一级零点与中心的角距离即为望远镜的衍射极限。

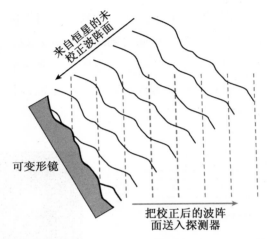

来自恒星的未校正波阵面

可变形镜

把校正后的波阵面送入探测器

图 5.2 自适应光学系统可变形镜的作用示意图。恒星的波阵面会因地球大气的温度涨落发生变形，这通常会使图像模糊。可变形镜的表面形状能够随时校正入射波阵面，并使它们再次平行。校正后的波阵面再被相机成像时，图像就会清晰得多。

二维情形下的 sinc 函数是艾里函数，如图 5.1 右上图所示。如果恒星和望远镜之间没有大气层，那么对于完美的望远镜光学系统来说，艾里函数就是望远镜的点扩展函数（point spread function，PSF），其一级零点到中心的角距离即为衍射极限。然而地球大气中的紊流，以及望远镜和仪器光路中的缺陷，会使点扩展函数展宽而变得不那么理想。自适应光学系统的任务是消除这些有害影响，并复原出衍射极限下的点扩展函数。

　　自适应光学系统需要使到达望远镜的波纹状波阵面变得平滑，其解决方案是改变望远镜的镜面形状，以消除地球大气引入波阵面的褶皱。然而，大多数自适应光学系统并不改变望远镜巨大的主镜，而是使用望远镜焦点后方仪器中一块小得多的可变形镜片。经过主镜聚焦的波阵面会重新在这块较小的可变形镜片上成像，并在此得到校正。

　　为了施加合适的校正，恒星的部分光线会在到达自适应光学系统之前从仪器光路中偏转出来，并被送入另一台叫作波阵面传感器的仪器中。此后，仪器会测量畸变波阵面的形状，计算所需的校正值，并将结果传给可变形反射镜。用于感知波阵面、随后计算并实施校正的控制回路每秒可以运行多次，现代的系统可以在10米级的望远镜上可靠地复原出衍射极限下的图像。

5.2　对比度问题

　　第二个问题与两个简单的事实有关：恒星很明亮，而行星很暗弱。这种亮度差异通常叫作恒星-行星对比度，它是从这两个天体接收到的光通量之比。行星会以两种方式发出辐射。行星发光的第一个原因是其表面反射了恒星的光，这就是我们能在夜空中看见木星的原因。

　　另一个辐射源是行星自身的热辐射。行星和恒星一样，由于它们的温度不为零，因此都可以被认为是黑体。年轻恒星仍处在形成之初的引力收缩阶段，这个过程会释放大量的热辐射。而在行星达到平衡半径后，它们依旧保留了形成时的部分热能，以及从恒星接收到的能量。

为了对木星和太阳之间的对比度有个大概的认识，我们首先来考虑在远处能看到多少反射的太阳光。太阳辐射的总功率 $L_\odot$ 近似各向同性，因此在与太阳距离为 a 的任意位置，光通量等于输出功率除以半径为 a 的球面面积，或写作 $L_\odot/(4\pi a^2)$。行星的投影面积为 πR_P^2，因而接收到的功率为 $L_{接收} = (1-A) \times L_\odot/4(R_P/a)^2$，此处 A 是反照率，或者说被反射的太阳光与总光通量的比值。在此处计算中，我们假设 $A = 0.3$。那么，木星的反射光与太阳总辐射光之比为

$$f_{反射} = \frac{1}{4}(1-A)\left(\frac{R_P}{a}\right)^2 \qquad (5.1)[1]$$

或者定量地写为

$$f_{反射} \approx 1.7 \times 10^{-9} \left(\frac{R_P}{R_木}\right)^2 \left(\frac{a}{5\,\text{AU}}\right)^{-2} \qquad (5.2)[2]$$

---

[1]　如果 A 指反照率，那么该公式中的 $1-A$ 似乎应该替换为 A。——译者注

[2]　如果公式 5.1 中的 $1-A$ 被替换为 A，那么公式 5.2 右侧的系数应该相应地修改为 9×10^{-10}。——译者注

在观察到木星热辐射的情况下，我们可以将太阳和木星近似视为黑体。黑体的总辐射功率只取决于其温度和半径

$$L = 4\pi R^2 \sigma T^4 \qquad (5.3)$$

这里 R 和 T 分别是星体半径和温度，σ 是斯特藩-玻尔兹曼常数。星体 1 和星体 2 这两个黑体的对比度由它们光度之比给出，它等于 $L_1/L_2 = (R_1/R_2)^2 (T_1/T_2)^4$。木星表面平均温度为 134 K（开尔文，一种温度单位，符号为 K），而太阳表面的值是 5 777 K，且木星半径大约只有太阳半径的十分之一。于是我们可以算出，太阳和木星之间的行星-恒星对比度为 3×10^{-9}，也就是说，太阳的辐射功率比木星要高 3.3 亿倍。

有几种方法可以解决这个对比度问题。第一种方法是只观测行星发出大部分辐射的波段。大部分太阳辐射能集中在波长 0.5 微米左右的可见光波段，人眼对该波段最为敏感，而木星大小的行星则在红外波段辐射大部分能量。维恩定律给出了黑体辐射谱的峰值波长与黑体温度之间的简单关系。在以微米为单位时，黑体辐射谱的峰值波长 λ_{max} 由下式给出

$$\lambda_{max} = \frac{3\,000 \text{ K}}{T} \; [\mu m] \qquad (5.4)$$

式中温度 T 的单位是开尔文（K）。该关系表明，$T = 134$ K

的木星将在 22 微米附近的波段辐射大部分能量。太阳在如此长的波长下辐射功率则相对较小，这样对比度就从将所有波长考虑在内时的 3 亿降到了更容易处理的 50 000。①因此，为了尽量提高行星与恒星的对比度，在红外波段观察行星会很有利，此时的恒星-行星对比度会显著下降。

　　另一种降低恒星-行星对比度的方法是观察拥有年轻行星的年轻恒星。在形成约一千万年后，木星质量的行星仍将比如今我们的木星热得多，而且因为它仍然在经历引力收缩，所以也会更大一些。此时，这颗行星的温度将会是木星的 3.7 倍，大小则是木星的 1.3 倍。在这种情况下，它的大部分辐射集中在波长为 7 微米左右的波段，而恒星-行星对比度仅为 4 000。在本书写作时，所有通过直接成像法确认的行星都位于燃烧氢的年轻恒星周围，其年龄均低于 1 亿年，或者说不到太阳年龄的 2%。

　　解决对比度问题的技术方法是使用日冕仪（coronagraph）挡住中心恒星的光。这种技术类似于当你在日落时分驱车西行时，抬手保护眼睛以免阳光直射。日冕仪可以挡住来自恒星的光线，但允许恒星周围的光进入仪器。也可以设计日

---

① 　在太阳的温度下，对普朗克函数 B_λ 在 10—30 微米区间上进行积分，即可求出该比值。——作者注

冕仪用来降低衍射极限图像中艾里环的强度。这样做能降低恒星-行星对比度，使人们更容易在恒星周围的角区域内寻找行星。

即便是利用了自适应光学和日冕仪在年轻恒星周围寻找热行星，要看到来自行星的光还有另一个障碍。这个新问题与成像仪器光学系统的缺陷有关，后者会导致恒星图像周围出现准静态的亮度波动。这些亮度波动也叫作"散斑"，它们因冒充暗弱行星的点源性质而声名狼藉。需要注意的是，这些散斑不同于地球大气层引起的亮度波动。大气散斑的寿命只有数十毫秒，而仪器光路产生的散斑寿命要长得多。它们的强度会随时间变化，原因是仪器性能会随着温度的变化而变化，或是因为悬挂在望远镜背面的仪器重达数百公斤，在望远镜移动时会发生弯曲。散斑的准静态特性意味着我们不能利用多次曝光把它们平均掉。这就使区分散斑和可能是行星的小点光源变成了一个难题。

有种巧妙的技术能将行星和散斑区分开来，它需要禁用望远镜校正自身相对于天空的旋转这项关键功能。为了理解它的原理，重要的是记住散斑是光学系统的假像。理论上说，我们可以确定单个散斑来自哪个特定的光学元件，后者相对于成像探测器来说是固定的。另一方面，即便行星看起来像散斑，它的图像也可以追溯到天空中而非光学系统中的某个特定的角度位置。一种区分散斑和天体物理学光源的方法是拍摄一系列图像并允许仪器相对于天空旋转：散斑看起来固定不动，而候选行星则会绕目标恒星旋转。

这种角度差分成像（angular differential imaging，ADI）方法最初应用于哈勃太空望远镜上。在太空中漂浮时，哈勃太空望远镜可以绕自身光轴旋转，进而改变天球上的角度位置与成像探测器不同像素之间的对应关系。为了将该技术应用于地基望远镜，一位名叫克里斯蒂安·马里奥斯（Christian Marios）的天文学家和他的同僚敏锐地留意到，像凯克这样的望远镜配有像消旋器，通常情况下能把天球上的角度映射到探测器上的固定位置。禁用望远镜的像消旋器后，马里奥斯和他的团队发现，他们能够模拟太空望远镜的转动了。

图 5.3 为某恒星及其小质量伴星的图像。左图显示了散斑的效果：它们看起来像点源，就像伴星一样。右图使用角度差分成像抑制了散斑，此时暗弱的伴星清晰可见。

与仪器光路有关的散斑还有一个特点，即它们相对于中心恒星的位置会随着波长变化而变化。因此，在不同波长下拍摄一系列图像，就可以把散斑和天体物理学光源区分出来。在使用不同波长观测时，天体物理学光源的点扩展函数会保持在相同位置，而散斑将随着波长增加而沿着径向朝外移动。最有效的方法是使用叫作积分视场单元（integral-field unit，

IFU）的仪器。仪器光路中置有一套微透镜网格，此后光线会聚焦到棱镜或色散光栅上，这样在网格每一点均能得到一条光谱。这些光谱像素单元（spaxels）可以被分解为对应不同波长的图像像素单元序列。这种光谱差分成像（spectral differential imaging，SDI）技术的主要优势是能够在发现行星的同时获得行星光谱，进而能够即时表征新发现的行星。

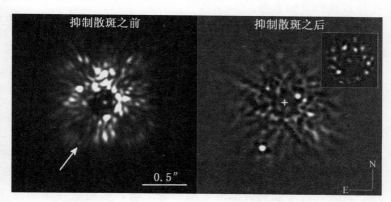

图 5.3 抑制散斑前后对比

左图：利用自适应光学系统和日冕仪得到的类太阳恒星 HR 7672 的图像，该图没有抑制噪声。图中的亮度涨落称为散斑，它们来自望远镜和仪器光路中的缺陷，以及未被自适应光学系统充分校正的残余波阵面误差。图中箭头所示的暗弱伴星是一颗棕矮星（HR 7672 B），其轨道距离中心恒星 18 天文单位。请注意，该伴星比许多散斑还要暗弱。

右图：抑制散斑后的同一幅图像。与残存的噪声相比，这颗伴星现在格外显眼。图为日冕仪挡板附近图像的内部区域，显示了恒星近乎达到衍射极限的图像。图片引自克雷普等人的论文。[1]

5.3 偶然共线的问题

就像那句谚语"不是所有闪光的东西都是金子"一样，目标恒星附近所有的暗弱点源也并非都是行星。事实上，在自适应光学图像中，恒星旁边的暗弱斑点常常是散斑或者背景恒星。因此，即使我们已经采用了各种巧妙方法来减少光学像差的影响，在试图直接对行星成像时，也有很多原因可能导致我们受骗上当。

验证已成像行星的主要方法是等待一段时间，通常是一两年，来观察行星是否与恒星共同在天空中运动。银河系中的恒星并非静止不动，而是绕银河系中心运行，同时在引力作用下互相推挤。这样的结果是恒星会非常缓慢地在天球上移动。这种角运动叫作自行，测量单位通常是毫角秒/年。

靠近地球的恒星往往比远离地球的恒星具有更大的自行，因此当目标恒星在天球上漂移时，背景恒星看起来还停在原地。此外，行星受到目标恒星引力的束缚，因而始终跟随恒星运动。出于这个原因，行星搜寻者们最初需要望远镜时间来开展巡天工作，并建立一份候选名单，然后再申请时间作后续观测以确认其自行。

5.4 测量已成像行星的性质

如果在某颗明亮恒星的旁边发现了微小的点光源，并确定它们之间由引力维系，那么该如何确定该天体的质量和轨道特性呢？理论上，可以测量的两个属性是行星的半长轴 a 和它的质量。半长轴可以通过测量恒星与行星的角间距 ρ 来估计。如果恒星的距离 d 已知，那在假设 $d \gg a$ 和 $\sin \theta \approx \theta$ 的前提下，投影半长轴就可表示为 $a_{\mathrm{proj}} = d\rho$。

遗憾的是，确定图像中伴星的质量着实是个艰难的过程，它取决于所用的模型。当前的直接成像观测依赖于探测行星的热辐射，而热辐射在行星年轻时最强。这是因为热能由新形成天体缓慢的引力坍缩产生。随着年龄的增长，行星会进一步收缩，并变得更冷。新形成行星温度的变化也会导致其光谱性质发生变化。

通常来说，行星内部结构和大气性质的理论模型是唯一能够把观测到的性质与行星质量等物理性质联系起来的工具。除了观测到的行星性质外，人们还必须知道它的年龄和化学成分。在实际观测中，天文学家们会假定这颗行星与其宿主恒星有着相同的年龄和化学构成。虽然测量恒星的化学成分相当简单，但是测量恒星的年龄却极为困难。如果该恒星属于某个疏散星团，人们可以假设该恒星的年龄为星团的年龄，后者可以通过其他方法测定。然而，如果恒星是孤立的，那么其年龄的不确定度会是 50%—100%。

尽管存在以上局限性，直接成像还是提供了一种研究年轻行星的方法，这些行星的轨道很宽，接近甚至超过太阳系中气态巨行星的轨道。探测这些年轻的长周期行星，为通过直接测量行星的发射光谱来分析其大气性质带来了许多独特的机会。对这些行星大气的直接光谱观测，将用于检验和调整行星的内部结构模型。此外，行星的化学成分可用于推断其形成过程的细节，例如它诞生于原行星盘的什么位置。最后，在数年的时间尺度上拍摄更多的行星图像，将使天文学家能够测量行星的轨道特性，这可与多普勒频移法探测到的大量行星样本相比较。

第六章　行星探索的未来

虽说系外行星科学是天文学中最年轻的研究领域之一，但它已然取得了巨大成功，而且仍在蓬勃发展。1996 年，天文学家确认发现了首颗围绕着一颗燃烧氢的恒星运行的系外行星。[1—2] 在此后的这些年里，被证实发现的系外行星已经超过了 1 500 颗，而美国国家航空航天局的开普勒任务还发现了数千颗候选行星。[1] 在首批行星搜寻者清除了最初的技术障碍之后，发现新行星的速度每年都呈指数级增长。

本书的核心问题——如何找到系外行星？——建立在寻找太阳系外的行星仍然是有价值的工作这一前提之上。鉴于已经发现了大量系外行星，我们有理由怀疑是否有必要再去发现更多。行星搜寻者们的目标已经实现了吗？为了回答该问题，重新审视这个年轻研究领域的主要目标极为重要。在我看来，这些目标有三个层次：在更宽广的银河系尺度下认识行星系统，借助行星形成的普遍规律来了解太阳系的起源，

---

① 开普勒候选行星的置信度约为 90％，只有 10％的目标呈假阳性。——作者注

以及寻找地外生命。

6.1　在更宽广的尺度下认识太阳系

　　系外行星科学的第一个目标是在更宽广的银河系尺度下认识我们的太阳系，包括它的八颗行星以及中央的黄矮星。这一目标直接承袭自哥白尼革命的成果。我们知道，地球及其所在的行星系统在宇宙中的地位并不特殊。夜空中的其他恒星和太阳类似，可视为由核心处氢聚变供能的气体球，而且它们也有着相似的形成和演化历史。每颗恒星都形成于一大团尘埃和气体云的坍缩，此后聚集在中央的物质形成了恒星。其余物质则形成了扁平状的原行星盘，行星很可能在此形成。我们能看到年轻的恒星在银河系各处形成，甚至偶尔还能观察到它们的原行星盘。如今，我们可以观察其他的行星系统，而这些系统的结构（半长轴、行星质量、偏心率）通常与太阳系显著不同。

　　系外行星的存在表明太阳系并非银河系中唯一的行星系统。尽管绝大多数科学家都认为存在不止一个行星系统，可我们仅在过去的二十年间才发现它们。相对而言，存在类似太阳系的行星系统这一点，是此前人类所不知道的全新信息。因此，从广义上讲，我们已经实现了拓宽视野这个目标。然而，与太阳系相比，系外行星系统的细节在许多方面令人惊讶，其直接原因是我们对宇宙的认识曾经非常有限。时至今

日，在许多方面也依旧如此。

当行星搜寻者刚开始在其他恒星周围寻找新行星时，他们主要参考太阳系来寻找目标。如果在几秒差距之外监测太阳的视向速度，那么最容易探测到的行星会是木星。从侧向观察时，木星引起的多普勒振幅大约为 12 m/s，周期约为 12年。寻找类木行星被认为是一项长期任务，需要经过数十年的努力。然而，首批系外行星中的每一颗都与该预期不符。

通常认为是米歇尔·马约尔（Michele Mayor）和迪迪埃·奎罗斯（Didier Queloz）在 1996 年发现了第一颗木星质量的系外行星，它围绕一颗普通的燃烧氢的恒星飞马座 51（51 Pegasi）运行，轨道周期为 4.2 天。杰夫·马西和保罗·巴特勒（Paul Butler）于当年晚些时候证实了该行星存在。这颗热木星挑战了我们对气体巨行星形成方式和轨道演变过程的认知，因为像木星这么大的行星无法在年轻恒星附近炽热而稀薄的气体中形成。如此说来，飞马座 51 b 这颗炽热又巨大的行星必定是从它的起源地向内迁移而来的，而它的起源地与中央恒星的距离大概率为几个天文单位。因此，该发现拓宽了天文学家对各种可能的行星系统结构的看法。

传统上，人们认为 1996 年发现的飞马座 51 b 是第一颗围绕普通恒星运动的系外行星，此前人们也发现了几颗行星。其中之一是亚历山大·沃尔什赞（Aleksander Wolszczan）

和戴尔·弗雷尔（Dale Frail）于1992年发现的行星系统，它包含三颗小的行星，围绕名为 PSR B 1257 + 12 的脉冲星运行。[3]脉冲星是比太阳质量更大的恒星的遗骸，由超新星爆炸产生。与燃烧氢的恒星相比，脉冲星——更常见的说法是中子星——是非常奇怪的天体。它们的质量与太阳相当，但体积非常小，因而密度很大。中子星的直径相当于小型城市的大小，它们在快速旋转的同时会从两极发射磁通道辐射束。如果观察方位合适，光束会扫过观察者的视线，从而产生以固定间隔发出有规律光脉冲的灯塔现象。

沃尔什赞和弗雷尔注意到，他们某个目标脉冲星的规则周期受到三颗行星引力的调制，他们能用类似多普勒法的方式测量这三颗低质量行星的质量和轨道性质。[4—5]但在原来那颗大质量前身星发生超新星爆炸并形成中子星之前，这些"脉冲星行星"不太可能绕着它运行，因为行星基本不可能在超新星爆炸中幸存。相反，脉冲星行星被普遍认为是由超新星爆炸遗留下来的碎片形成的，所以和太阳系的行星不同。不管怎样，这些奇怪的行星和它们已死亡的中央恒星无疑也丰富了人类对行星系统性质的了解。

其实早在发现飞马座 51 b 和脉冲星行星之前，人们就已经发现了围绕燃烧氢的恒星运行的系外行星，这令大多数人都惊讶不已。在 20 世纪 80 年代后期，哈佛-史密松天体物理中心的天文学家大卫·莱瑟姆（David Latham）和他的合作者——来自以色列特拉维夫大学的齐维·马泽（Tsvi Mazeh）利用名为 CfA 数字测速仪（CfA Digital Speedometer）的新仪器测量了一批亮星的视向速度。他们发现：恒星 HD 114762 的视向速度存在振荡，周期大约为 83 天，信号的振幅和形状对应于一个最小质量为 11 倍木星质量、轨道偏心率为 0.34 的天体。在报告探测结果时，莱瑟姆等人谨慎地在标题中将这个天体称为"可能的棕矮星"[6]，因为其轨道倾角 $\sin i < 0.85$，意味着该天体的真实质量 m_p 大于 13 倍木星质量，因而不能被认为是行星。此外，该天体的质量比太阳系中质量最大的行星还大一个量级。它实在是太奇怪了，和太阳系中所有的东西都不一样。

不过，在发现 HD 114762b 后的数十年间，人们已经确认，质量超过 13 倍木星质量的棕矮星要比系外行星罕见得多。而且，虽然比木星更重的行星确实比那些相对较轻的行星要少，但质量在 1—13 倍木星质量范围内的行星的确存在。因此，莱瑟姆等人很可能发现了第一颗围绕类太阳恒星运动的系外行星。在庆祝莱瑟姆从事天文学研究 50 周年之际，天文学界热情地决定把这个天体命名为"莱瑟姆的行星"①。

_____

① 国际天文学联合会是否同意这个命名方案是另说，戴夫（指莱瑟姆）自己则坚持认为，这颗行星已经有了一个完美的名字。——作者注

这个绰号是对早期行星搜寻者们辛勤工作的赞扬，他们苦干时并不确定自己一定能发现什么东西。这也清楚地表明，我们在银河系中的新发现是如何显著地改变了我们对行星的看法，甚至改变了我们对何为行星的定义。莱瑟姆的行星证明：巨行星的质量可以比木星质量还大一个数量级，而它们的轨道偏心率也可以比太阳系的行星高一个数量级。不仅如此，木星质量的行星的轨道周期甚至可以短到只有几天。

这些早期发现给我们带来了惊喜，它挑战了我们基于单一样本对行星系统持有的偏狭认知。在发现首例系外行星后的数十年间，探索工作不断给天文学家带来惊喜，行星探索工作不断挑战原有的假设和预期已经成了新常态。随着新仪器灵敏度越来越高，以及现有巡天项目的工作时间不断增加，种种惊喜不断出现，而且短期内也没有减弱的迹象。迄今为止，小到只有太阳质量 15％（0.15 M⊙）的小红矮星，大到超过三倍太阳质量（3 M⊙）的红巨星，人们在各类恒星周围都发现了行星。恒星的残余物有行星，双星系统中也有行星围绕其中一颗甚至两颗恒星运行。持续开展的行星探索让我们不断发现各种新型行星系统，而这些发现又继续塑造着我们对于什么才是银河系中"典型"行星系统的认知。

6.2 了解行星如何形成

寻找系外行星的第二个目标，即利用观测到的系外行星系统结构的分布以及其他恒星周围存在行星的概率作为线索，来研究行星形成的过程。原行星盘中的微小分子和尘埃颗粒组成了相对而言巨大的行星，但是其背后的物理机制对天文学家来说仍然很神秘，主要在于两个原因。首先，年轻恒星和它们的原行星盘位于恒星形成区，这些区域常常为气体和尘埃所笼罩，这就很难观察到处于形成阶段的行星，以及在此期间起作用的一系列重要过程。其次，行星形成过程相对于典型恒星的寿命短得多。对位于恒星形成区的原行星盘的调查表明：原行星盘的寿命，或者说形成气态巨行星的时间只有300万—1 000万年，而形成类地行星则大约需要1亿年。

在人类的时间尺度上，数千万年乃至数亿年已然代表了永恒，可1 000万年也只占了太阳主序星生涯的0.2％。为了让这些数字更容易理解，我们可以想象将太阳系的整个生命周期浓缩到一天之中：现在是晚上11：59，那么木星和土星就在今天0：00到0：02左右的这两分钟内形成；地球的形成所花费的时间相对较长，持续到凌晨0：30左右。系外行星科学家面临的挑战则是，根据今天黄昏晚些时候发现的线索，复原出在"今天凌晨"这点短暂的时间里发生了什么事情。

随着阿塔卡马大毫米波阵列（Atacama Large Millimeter

Array，ALMA）在未来几年内投入使用，能见度有限这一难题将很快得到改善。ALMA 由一系列射电望远镜组成，它位于智利的某个沙漠高原上。这些望远镜分布在一个很大的区域内，共同组成了一台望远镜的光阑，其有效直径为这些望远镜两两之间最大的距离。这样就得到了一台叫作干涉仪（interferometer）的望远镜，它具备前所未有的角分辨率和集光能力（灵敏度）。ALMA 能通过年轻恒星周围的物质来找到形成中的行星。它的缺点是只能研究少数邻近的年轻恒星形成区，这最终会限制 ALMA 对正在形成中的行星的观测结果的统计效用。

通过观察位于恒星形成区之外成熟恒星周围的系外行星系统，天文学家可以获得更多样本，相应的代价是这些系统早已过了行星形成期。然而，今天的行星系统代表了行星形成和演化机制的最终状态。这些已知的行星系统是行星搜寻者辛勤工作的成果，他们通常说来都是观测天文学家。在天文学中，观测者和理论家之间往往有着密切关系。在某些领域，理论家提出的假设推动了未来的观测。在系外行星科学领域，该过程则主要沿着另一个方向进行，即观测者先发现此前想象不到的行星和轨道结构，而后理论家再试着用复杂的行星形成模型来解释。在系外行星研究中，观测者通过发现新现象来推动该领域的发展，而理论家则努力在他们的

模型中重现这些结果。

　　总之，更好地理解行星如何形成和演化，能反过来让我们了解自己的起源。上一节已经指出，用更广阔的视野来看待整个银河系的行星系统有助于我们完成哥白尼革命。已知的系外行星数量之多、种类之多，无疑证明了太阳系的存在并非特例。不断发现的新系外行星构成了我们的统计样本，它对行星形成过程的各种可能结果给出了更清晰的图像，而理论家也试图去重现它。与各类观测系统匹配得最好的模型将成为行星形成过程**普适**描述的最佳候选，而太阳系则是它诸多演化结果的可能之一。至此，才可能彻底完成哥白尼革命，正如本书序言中所说的那样。

　　然而，当科学家们试图将太阳系视为许多行星系统中的普通一员时，地球总会让人感到特别，因为它是**我们的**星球、**我们的**家园。从这个意义上说，我们有充分的理由去理解它那特别的历史。我们星球的起源故事也是我们起源的故事，不论是在科学层面，还是在情感层面，了解我们自己的历史都责无旁贷。我们研究系外行星，研究的是行星形成过程的最终状态，说到底，还是在审视我们自己的过往。

　　换句话说，我们可以用进化生物学来研究地球上多样生命相对较近的起源和历史。再往前看，宇宙学是对整个宇宙起源的研究。系外行星科学则恰好介于两者之间。

6.3 寻找太阳系以外的生命

我对系外行星最早的印象，还是早期《星球大战》电影中的那些科幻世界：冰天雪地的霍斯①，荒漠覆盖、双日高悬的塔图因，沼泽阴冷的达戈巴，还有森林繁茂的恩多。尽管该电影系列名为"星球大战"，但是在它的前三部影片中，一颗恒星的近景都没有出现过。恒星构成了飞船决斗的背景，塔图因有着标志性的双重夕阳；当千年隼跃升至光速时，恒星就会飞驰而过。不过，该电影三部曲中最丰富的视觉场景，仍属不同行星的表面。

我的同学杰森·赖特的博士论文很好地总结了大多数科幻小说存在该特点的原因，并总结了为什么天文学家和普罗大众都对行星有着如此特殊的兴趣：

> 在天文学的所有研究课题中，系外行星在想象中占有特殊的位置。它们不仅仅是恒星、星云或星系这样的天体，它们还是地点（place）；这不单是因为它们与地球这一地点有着相似之处，也因为在科幻小说的普遍想象中它们常常是目的地（destination）。作为我们家园的

---

① 第四章中 OGLE 小组发现的系外行星 OGLE-2005-BLG-390L b 即被美国国家航空航天局昵称为"霍斯"（Hoth）。——译者注

远方同类，它们有望为地球上生命的起源和其他地方生命的存在提供线索。

从更宽阔的视野来认识并理解行星形成过程的科学原因非常有说服力。对我来说，研究行星最有说服力的原因是，我一直对离开地球的引力束缚并前往银河系中另一个地方旅行的情境有着生动的想象。我想象不出来，还有什么科学成就能比去另一颗遥远恒星周围的行星旅行更加伟大，或者还有什么旅途比这更有价值，哪怕它只是位于我们隔壁、距离我们只有约 1 秒差距的半人马座 α 系统。

做做太空旅行和探索新行星表面的白日梦很有吸引力，可我的科学幻想仍必须立足于现实。在短期内，我们不太可能实现这样的旅途，甚至在我的有生之年也基本肯定不会有。可我还是会情不自禁地认为，如果人类文明能在地球上存续足够长的时间来开展这项伟大的任务，人类终将完成这段旅程。

太空旅行目前还没有被提上日程，不过在地球上寻找外星生命的工作正在进行中。许多人都很熟悉地外文明探索（Search for Extra-Terrestrial Intelligence，SETI），这是电影《超时空接触》的亮点。电影主角艾莉·阿罗威（由朱迪·福斯特饰演）的原型是现实生活中的天文学家吉尔·塔特（Jill Tarter），后者是位于加利福尼亚州圣何塞附近的 SETI 研究

所的前任主席。SETI 利用各种天文望远镜来监听附近的地外智能文明有意或无意地向地球发送的电磁信号。[7—8]

SETI 方案的一个缺点是，它只能探测一种特定类型的地外生命：技术先进到足以通过电磁信号交流的智能生命。相比于地球生命约 35 亿年的历史，具有智能、能够交流的生命出现得相当之晚，存在时间也非常短暂。如果放宽对生命必须具有智慧并能够与其他行星交流的要求，就可以开辟更多寻找外星生命的途径。

一种方法是利用光谱学仔细分析行星大气来寻找生命的证据。生命体可以与行星大气发生相互作用，并有可能以不同于行星化学过程的方式改变其大气层。[9]然而，探测这种生化变化（也叫作寻找生物签名）首先需要确认可能存在生命的行星，它应具有岩石表面，以及能够维持生命的大气和温度。测量具有宜居行星的恒星的比例是美国国家航空航天局开普勒任务的首要目标[10]，而未来的工作则是利用这些统计数据来搜索近邻恒星周围的宜居行星系统，并研究它们的大气层以寻找生命的证据。因此，寻找生命需要的是在银河系中——或者说在天体物理的研究范围中找到生命存在的确切位置。

6.4 作为冰山一角的巨行星

前面几节所列举的目标突出了系外行星科学的一个关键

进展。首先，早期发现的一类特殊行星立刻给研究者们认识太阳系提供了背景知识。随着发现的行星越来越多，样本数量不断增加，人们发现了某些重要的关联，它们提供了行星形成过程的线索，还可以指导发现更多的行星。最终，当样本数量足够大时，就会发现罕见而令人激动的行星系统。这些罕见结果有时能给我们带来细致研究其他恒星周围行星的机会，其详细程度与我们对太阳系天体的了解相当。

在已经得到充分研究的行星中，有一类是近距离巨行星，包括热木星以及其他气态巨行星，它们离自己所环绕的恒星比木星离太阳还要近得多。随着近距离巨行星的数目不断增加，出现得最早且最为清晰的统计结果之一是所谓的行星-金属丰度相关性。[11—13]恒星的金属丰度指的是恒星大气中比氢更重的元素的含量，相比于金属丰度低的恒星，金属丰度比太阳高的恒星拥有巨行星的概率要大得多。

从行星形成的角度来看，这为巨行星的诞生提供了一条重要线索。年轻恒星及其原行星盘都诞生于同一片分子云，因此它们的成分非常相似。虽然原行星盘的寿命很短，但是它们的金属丰度值仍保留在我们今天所见的恒星大气中。金属丰度高的恒星可能有更多用于形成尘埃的重元素，它们是组成巨行星固体核心的基石。这一重要的观测结果给行星形成模型提出了另一条关键标准，即任何成功的理论都必须解释行星与金属丰度的这种相关性。

除了提供行星形成过程的线索外，行星-金属丰度相关性还为寻找新行星指明了方向：如果想寻找巨行星，那么请在富含金属的恒星周围搜索。分别由黛布拉·费希尔和罗纳尔多·达·席尔瓦（Ronaldo da Silva）领导的两个行星探索小组着眼于富含金属的恒星以寻找热木星——特别是那些存在凌星现象的热木星。这些巡天工作发现了一些最亮的凌星热木星系统，包括 HD 189733 b 和 HD 149026 b[14—15]，此后人们利用地基和空间望远镜对这些行星的大气作了大量研究[16—17]。

行星-金属丰度相关性的例子说明，最初发现的一批行星（例如此处的热木星）是如何让人们付出更多努力来发现更多行星，最终找到罕见而又令人激动的行星系统。人们可以更细致地研究它们，进而了解系外行星的性质。近期一项结果显示，比海王星小的行星远比木星这样的巨行星更常见，这一惊人的发现将指导未来的行星搜寻工作。该统计结果最初在多普勒频移法发现的一系列行星中有明显体现，并在此后为微引力透镜法和凌星巡天所证实。

图 6.1 是美国国家航空航天局开普勒凌星巡天发现的行星半径的分布情况（单位是地球半径 $R_\oplus$）。该分布说明：在整个银河系中，半径为 $1R_\oplus$—$2R_\oplus$ 的行星要比巨行星（$R_P >$ $4R_\oplus$）多一个数量级。虽然该分布中各行星的轨道周期均不

到 150 天，但行星大小的分布与多普勒频移法还有微引力透镜法测得的结果也都一致。在整个银河系内，小行星比大行星更为常见，因此人类非常有希望找到像地球这样的行星，还有太阳系以外的生命。

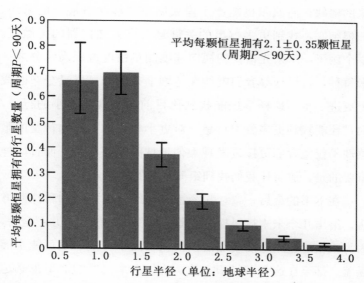

图 6.1 美国国家航空航天局开普勒任务发现的绕 M 型矮星（红矮星）运行的行星的半径分布（以地球半径为单位），其中行星的轨道周期小于 150 天。该图源自莫顿和斯威夫特的论文[18]，他们发现平均每颗 M 型矮星有两颗轨道周期小于 150 天的行星。因为平均每 10 颗燃烧氢的恒星中就有 7 颗是 M 型矮星，所以此类行星系统在银河系中数量最多，而该分布接近地球半径的峰值则使得人们有望在未来找到像地球这样的宜居行星。

如果把太阳系与银河系范围内的大量行星放在一起来审视，木星和土星的存在似乎很不寻常，而内太阳系的类地行星则看起来相当熟悉。从行星形成的角度来看，任何成功的行星形成模型都必须同时展现出小个行星的普遍和气态巨行星的稀缺，而偶尔也能产生像太阳系这样两者混合的系统。归根结底，找到更多行星的关键是提高天文仪器的灵敏度。举个例子，未来光谱仪的视向速度测量精度每提高几分之一米每秒，行星搜寻者们就能在急剧上升的行星质量分布曲线上更进一步，这样不仅能找到比目前所发现的更小的行星，而且还能找到更多各类行星。对更小和周期更长的行星的敏感性不仅使我们更接近发现类似地球的系外行星，而且同样重要的是，这将让我们找到银河系中的大部分行星。

在本书的最后一章，我会针对已经介绍过的四种探测方法，给出几个未来行星探测仪器的示例。这份清单并不全面，因为正在建造或正在规划阶段的仪器太多，本书不可能全部涵盖。甚至在这本书付印之前，这份未来仪器的清单也必定还有变化。然而，我希望通过选取的这些例子，读者能够大致了解该领域在不久的将来的发展方向。

6.5 多普勒方法的未来： 走向专用仪器

我发现，在开普勒望远镜发射升空之前，研究者们已经

利用出于其他目的建造的天文仪器设备发现了许多行星，这样的成就令人瞩目。举例来说，利用多普勒技术探测到的许多行星均来自诸如凯克望远镜上的 HIRES 等光谱仪的观测。[19] HIRES 是一台多用途仪器，通过改变其设置，天文学家可以观察从孤立的恒星到可观测的宇宙边缘处的整个星系等各类天体。该仪器有许多可调节的部件，可实现不同的观测模式。但是这种便利性与测量恒星视向速度时所需的稳定性相矛盾，其测量精度只有几米每秒。只有安上"售后"配件——用来跟踪和校正仪器变化的碘吸收池，才有可能利用 HIRES 来高精度地测量视向速度。在 HIRES 之前的许多仪器也是如此，包括利克天文台的哈密顿谱仪[20]，以及得克萨斯州霍比-埃伯利望远镜上的高分辨谱仪[21]。1979 年，坎贝尔和沃克首次使用气体吸收池来搜索行星[22]，当时他们用的还是剧毒的氟化氢气体吸收池，碘吸收池在其后十年才投入使用。

　　HIRES 谱仪与许多欧洲行星搜寻者们使用的仪器形成了鲜明的对比，后者包括位于智利拉西拉的帕瑞纳天文台的 HARPS 谱仪[23]，还有位于加那利群岛拉帕尔马的 HARPS-North 谱仪[24]。正如其名，这两台 HARPS 光谱仪是为了同一目的而建造的：通过获得一米每秒的视向速度精度来寻找行星。与 HIRES 不同，HARPS 位于望远镜下方孤立的地下室中。这个房间的环境可控，而光谱仪置于一个大真空室里面。HARPS 没有使用碘吸收池来设置波长标度（即标定光谱仪探测器各像素点所对应的波长），而是使用钍氩发射灯将已知波长的谱线置于每套恒星光谱旁边。由于它极端稳定，HARPS 视向速度的测量精度大约是 HIRES 的 1.5—2 倍。总的来说，HIRES 探测到了更多行星，但大多数介于海王星和地球之间最小质量（$M_P \sin i$）的"超级地球"还是由HARPS 探测得到的。HARPS 光谱仪说明，为了获得极高的精度，就需要使用定制的专用仪器。

计划在不久的将来推出的下一代定制化、高稳定性光谱仪的原型是 ESPRESSO，它将安装在由四台望远镜组成的甚大望远镜（Very Large Telescope，VLT）阵列上。[25] HARPS 谱仪安装在了口径相对较小的望远镜上——位于智利拉西拉天文台的欧洲 3.6 米 ESO 望远镜和位于加那利群岛的意大利 3.58米伽利略国家望远镜，而 ESPRESSO 将利用 4 台 8.2 米甚大望远镜的超强集光能力。它可以一次安装在一台望远镜上，或者利用光纤将四台 8.2 米望远镜接收到的光同时传送到光谱仪上。超高的光谱分辨率、仪器稳定性和先进的光学设计，使其能以 10 cm/s 的目标精度测量明亮恒星，或者以高精度监测暗恒星的视向速度——哪怕它们比当今最大的 10 米级望远镜此前观测过的恒星还要暗许多。

ESPRESSO 光谱仪的目标是得到极高的单次测量精度，从当下的 1 m/s 提高到 10 cm/s 水平，进而探测地球大小的行星。利克天文台的自动行星搜寻器（Automated Planet Finder，APF）则着眼于时域来对明亮恒星作高频率观测。[26] 顾名思义，APF 是一台自动望远镜，它将在每天晚上观测列表上特定的行星搜索目标。未来位于亚利桑那州霍普金斯山上的小型系外行星视向速度阵列（MINiature Exoplanet Radial Velocity Array，MINERVA）也将采用类似的方法。[27]MINERVA 和 APF 都将减小光阑——分别为 1.4 米和 2.4 米——以提高观测频率来搜寻小质量行星。

在第二章中，我们已经了解到，类地行星围绕类太阳恒星运动时产生的多普勒振幅只有大约 10 cm/s。迄今为止探测到的最小振幅来自围绕南门二 B（半人马座 α 星 B）的候选行星，相应的 K = 50 cm/s。[28]然而很重要的一点是，为了探测到 $K \approx 10$ cm/s 的振幅并不需要**每次测量**都达到 10 cm/s 的测量精度。如果每次测量的不确定度是 σ_0，那么多普勒振幅的测量精度则为 $\sigma_K \sim \sigma_0 / \sqrt{N_{obs}}$，$N_{obs}$ 是观测次数。不用收集上百组，只要全年能够收集到几十组目标天体视向速度的观测结果，APF 和 MINERVA 望远镜/光谱仪就能够探测到多普勒振幅远低于 1 m/s 这个单次测量精度的行星。

当下用于高精度多普勒测量的光谱仪大多在可见光波段

工作，选择该波段有几个原因。首先，类太阳恒星主要在500—600 纳米的可见光波段释放能量。其次，CCD 等硅探测器在该波长范围内灵敏度最高。再次，相比于由有毒材料如碲镉汞（HgCdTe）制成的红外探测器，硅探测器要便宜得多。最后，碘池在 500—620 纳米范围内具有最高密度的深吸收特性，可用于校准波长。比起质量较小、颜色更红的 M 型矮星宜居带中的行星，在类太阳恒星的宜居带中，类地行星的轨道周期要长得多，而多普勒振幅也要小得多（参见公式2.24）。因此，新的挑战是建造能够在 M 型矮星最为明亮的波段（即红外波段）精确测量视向速度的光谱仪。

几台稳定的红外光谱仪正计划在不久的将来投入使用。装在 10 米 HET 望远镜上的宜居带行星搜寻器（Habitable-zone Planet Finder，HPF）将采用类似 HARPS 的方法来获得极高的仪器稳定性，包括真空室、稳定温度、发射灯波长校准器和光纤导光系统。[29] HPF 专为寻找位于太阳系附近，围绕最轻的 M 型矮星运行，而且与地球大小相近的行星而设计。

欧洲的两个项目也将着眼于在红外波段观测低质量恒星。卡拉阿托高分辨率近红外可见光光栅光谱仪（The Calar Alto high-Resolution search for M dwarfs with Exo-earths with Near-infrared and optical Echelle Spectrographs，CAR-

MENES）专用于搜寻带有类地行星的 M 型矮星，它将配备两台光谱仪，其中一台工作于传统的光学波段，而另一台在红外波段工作。[30] CARMENES 将在卡拉阿托天文台的 3.5 米望远镜上，用 600 个晚上搜寻附近大约 300 颗 M 型矮星目标。在位于夏威夷的 3.6 米加拿大法国夏威夷望远镜（Canada France Hawaii Telescope，CFHT）上安装的类似仪器叫作近红外偏振频谱仪（*un Spectro Polarim Āltre Infra-Rouge*，SPIR-OU），其观测波长可达 2.5 微米。[31]

6.6　凌星巡天的未来

凌星巡天的成功完全取决于两个因素：测光精度和覆盖时间。可探测的最小凌星深度依赖于测光精度，测光散射越小，所能分辨的凌星深度越小。又因为凌星的持续时间比轨道周期短，所以需要连续、高频率的观测。举例来说，行星位于类太阳恒星前方的时间占轨道周期的比值，等于凌星时间除以轨道周期，亦即 T/P。联立公式 3.4 和牛顿版本的开普勒第三定律，可以求出该比值为

$$\frac{T}{P} \approx 1\% \left(\frac{P}{[10 \text{ 天}]} \right)^{-2/3} \left(\frac{M_\star}{M_\odot} \right)^{2/3} \tag{6.1}$$

此处假设凌星沿赤道面（$b = 0$），并对主序星使用太阳单位

$R_\star = M_\star$。因此，即便对短周期行星来说，大多数时间内恒星也并不会被行星遮挡。如果没有持续的监测，很容易错过凌星现象。

为了实现高测光精度和连续的时间覆盖，需要的是空间天文台而不是地基天文台。美国国家航空航天局的开普勒任务就是专用于凌星巡天工作的空间平台的典范。开普勒任务方案的缺点是它的视场固定，虽然对于望远镜的单个指向来说，它的视场很宽，但也只是全天的一小部分。由于天空中亮恒星要比暗恒星稀疏得多，因此绝大多数开普勒目标恒星都很暗，离太阳很远。

作为比较，多普勒巡天的典型目标恒星的视星等 $V<9$，而典型开普勒行星的宿主恒星亮度要低 4—5 等，相当于暗了40—100 倍。由于开普勒行星的宿主恒星太暗，如果要利用视向速度法测量行星质量的话，要么极花时间，要么根本不可能，就算使用最大的望远镜，也是如此。其他类型的后续观测，例如那些旨在研究凌星行星大气特征的观测，也同样受到开普勒行星的宿主恒星过暗的限制。

除了暗弱之外，开普勒目标恒星离太阳也非常远。多普勒方法探测到的行星离地球的典型距离为 30—70 秒差距，而开普勒宿主恒星离地球的距离则为 100—1 000 秒差距。这意味着几乎没有开普勒目标恒星有基于视差的距离。这样一来，

尽管开普勒望远镜具有优异的测光精度，可恒星和行星的半径与质量的测量精度依然受到极大限制。虽然开普勒望远镜能够以高精度测得 $R_P/R_\star$，但是 R_P 的测量精度仍旧受 $R_\star$ 的限制，而后者又取决于恒星亮度与距离的关系（参见 3.2 节）。

　　未来的空间凌星巡天将受益于在更大的观测天区内观测更亮、更近的目标恒星，其观测区域比如今开普勒望远镜的观测区域大得多。该巡天任务已被美国国家航空航天局选为下一项探索者级任务，命名为系外行星凌星巡天卫星（Transiting Exoplanet Survey Satellite，TESS）。[32] TESS 将是一颗绕地球运行的小型卫星，而不像开普勒望远镜那样沿着尾随地球的轨道运行。同时，TESS 不会只盯着单个目标视场，而是使用由四台小望远镜组成的集群同时监测四个目标视场。

　　每台 TESS 望远镜的口径均为 7.7 厘米，但是和地基的宽视场凌星巡天一样，这些小型望远镜也有着巨大的视野。与开普勒望远镜 100 平方度的目标视场相比，这四台 TESS 望远镜中的每一台都将注视着 529 平方度的视场，或者说每个指向的总视场为 2 116 平方度，可以从天极一直延伸到黄道。然而，TESS 不会仅仅局限于其中一个视场。在 TESS 的整个任务周期中，它会对整个天空巡天，以寻找围绕明亮恒星运行的行星。根据开普勒望远镜的结果，我们知道平均每颗恒星有两颗轨道周期能够被 TESS 探测到的行星。因此，在美国国家航空航天局的下一次凌星巡天任务中，已知凌星行星的样本数目将大大增加。

6.7 微引力透镜法的未来

如第四章所述，由于设备的视场有限，此前和现在微引力透镜行星巡天的采样时间较为稀疏（通常在一个晚上对一颗恒星作一到两次观测）。未来的地基巡天将致力于寻找行星引起的短期信号，并将依靠视场更大的望远镜。此外，未来的这些巡天工作将使用分布在全球各地的望远镜网络来规避昼夜周期的干扰，以及天气原因对特定观测点的影响。

未来这些专门的地基巡天仍会受到一些限制。首先是拥挤的视场让信号变得模糊。银河系中央有大量目标天体，选择该区域观测的话，每年就有更多机会探测到数量可观的微引力透镜信号。然而，地面设备必须透过地球大气层开展观测，而视宁度效应会让拥挤的目标视场中的恒星混杂在一起。恒星的混杂不仅会引入其他恒星光线的干扰，从而弱化微引力透镜的光变曲线，还会给研究者们判断微引力透镜信号属于哪颗恒星增加难度。如果不了解透镜恒星和源恒星的特性，就无法可靠地测量潜在行星系统的物理参数。

解决这些问题的一个方案与凌星巡天的解决方案相同：将设备转移到外层空间。在没有大气干扰模糊图像的情况下，

恒星可以很好地在探测器上区分开，进而能够将微引力透镜信号更可靠地定位到特定的透镜恒星和源恒星。天基观测的另一个优势是，它观察不同目标视场时，不会受到昼夜周期和天气的干扰。

另一种方案是在红外波段开展观察，而不是在如今地基巡天所用的光学（可见光）波段。在观察距我们 1—8 千秒差距的恒星时，视线方向上的星际尘埃会使星光衰减。天文学家把这种尘埃导致的衰减称为消光（extinction），正是它使得太阳在日出和日落时看起来呈红色：波长较短的光会被地球大气层中的颗粒散射，而波长更红①的光则会透过大气层。如果在 1 微米附近的红外波段观测，未来的空间巡天将能够看穿银河系中大部分尘埃，进而为探测微引力透镜事件提供更多的目标和机会。

还有一种可能的微引力透镜技术，是把自行速度已知的近邻恒星视为目标天体。因为已经知道了恒星在天球上的轨迹及其角速度，所以可以检查近邻恒星的轨迹来看它是否在未来会偶遇背景恒星。[33]这种"笔形束"②技术在以下几个方

①　这里的"更红"指波长更长，即在光谱中偏向红光一端。——译者注
②　原文作"pencil-beam"，通常译为"笔形束"。在光学中，pencil 或 pencil of rays 是一种几何构造，通常以窄圆锥或圆柱的形式描述电磁辐射束或带电粒子束（或者束的一部分）。——译者注

面优于传统的宽视场巡天。首先，目前已知的许多微引力透镜事件中，行星及其宿主恒星都几乎不可见，而以近邻恒星为目标，则意味着能对宿主恒星有相当程度的了解。其次，如果透镜恒星离我们足够近，那么它的三角视差可以独立于微引力透镜的光变曲线来测量，这样就能求出所发现行星的绝对质量和轨道张角，而不是用爱因斯坦环张角 θ_E 表示的 q 和 s（参见 4.3 节）。再次，这样做可以预测出微引力透镜事件的准确发生时间，进而能制定出详细的观测计划并合理分配望远镜资源。[34—35]

6.8 直接成像法的未来

在本书中介绍的各种行星探测技术中，唯一直接感知行星光线而非恒星光线的方法是直接成像技术。虽然实践起来很难，但不论是在情感层面（"看，有一颗行星，就在那里"），还是在科学层面，"拍摄行星"都是最为有力的行星探测方法。如果能够对行星直接成像，我们就有机会获取来自行星的光谱。又因为这项技术对距离恒星数十天文单位的宽轨道行星最为敏感，所以有机会利用它研究位于起源地附近的行星。这与热木星等近距离行星形成了鲜明对比，它们很可能是从几十天文单位之外的起源地向内移动，直到离恒星只有几分之一天文单位的距离。

事实上，行星探索的终极目标之一是找到和地球的轨道、物理性质以及宿主恒星相似的行星。当"旅行者号"① 在 24 年前到达太阳系边缘时，就已经给我们奠定了该未来愿景的基础。在距离太阳约 40 天文单位的地方，"旅行者号"执行了由亚利桑那大学卡罗琳·波尔科（Carolyn Porco）和美国国家航空航天局喷气推进实验室坎迪·汉森（Candy Hansen）编写的一组指令，转身面向太阳并给太阳系的行星们拍了一张"全家福"。在分析照片时，人们发现在太阳炫目的光芒里有个微小的光点，这也是后来卡尔·萨根《暗淡蓝点：探寻人类的太空家园》②书名的灵感来源。[36]

　　到目前为止，在另一颗恒星周围拍到类似的淡蓝色光点依旧是遥远未来的目标，或许还需要几十年才能实现。不过，要达成这样的发现并不要求人类的能力出现跨越式发展，为了实现该目标的基础工作正在进行中。第一批直接成像巡天发现了大质量棕矮星和"超级木星"，它们在几十天文单位之外围绕宿主恒星运行。这些观测主要使用现有的多用途仪器开展，例如哈勃太空望远镜，以及配备自适应光学系统的大型地面望远镜，如凯克望远镜和位于智利的甚大望远镜。从

---

① 更准确地说，是"旅行者 1 号"。——译者注
② 该书原名为 *Pale Blue Dot：A Vision of the Human Future in Space*（1994）。——译者注

这些第一代直接成像观测中吸取的经验已经为下一代专用高对比度成像系统铺平了道路。

下一代直接成像仪器将采用过去十年间发展起来的所有技术，并将它们结合到单台仪器之中。双子座行星成像仪（Gemini Planet Imager，GPI）的设计是这种"大统一"方案很好的例子[37]，而 GPI 的"小兄弟"1640 计划（P1640）也共享了这一设计理念[38]，它安装在加州圣迭戈附近的帕洛玛天文台 200 英寸海尔望远镜上。GPI 和 P1640 都是有着远大目标的仪器，它们置于强大的自适应光学系统后方。P1640 的自适应光学系统——PALM-3000 配备了一块带有 3 388 个促动器的可变形镜面，用于校正图像的高空间频率分量。而在光线到达这块高频可变形镜面之前，还要先被另一块带有 241 个促动器的低频可变形镜面校正。

这种低频-高频自适应光学系统提供了一个额外的校准单元，它能感知的残余误差并非来自地球大气，而是源于自适应光学系统内部的光学像差。在自适应光学系统感知到不完美的天空图像时，校准单元会检测出该系统产生的图像中的缺陷，并把额外的校正信号发送给该系统的可变形镜面。此后，光线进入积分场单元（integral-field unit，IFU），微透镜阵列会在这里将图像的不同空间区域分散为光谱。装在甚大望远镜上的高对比度偏振光谱系外行星探测器（Spectro-

Polarimetric High-contrast Exoplanet REsearch，SPHERE）
也会配有积分场单元。[39]因此，在探测时，恒星及其行星的
空间分辨图像并不是由单色像素点组成，而实际上是每个像
素点都包含一条光谱。在第五章中我曾简要描述过，利用最
后得到的多色图像可以把位置与颜色相关的散斑从行星的静
态图像中分离出来。这样做的另一个好处是在获得行星图像
时就能获得行星的光谱，从而可以立即对行星进行表征。

6.9 结束语

在本书中，我概述了过去二十年来成功探测到系外行星
的一些方法。在系外行星领域中，新发现的出现速度令人惊
奇。1996 年，人们发现了首颗围绕典型类太阳恒星运行的行
星。自那以后，已知的系外行星的数目每年都在增加，这使
我们如今已对数千颗围绕各种各样恒星运动的系外行星的性
质有了足够了解。技术上的每一项进步和观测策略的每一项
改进，都提高了我们探测到的行星数量，同时也丰富了行星
性质的多样性。

为了说明其他恒星周围的行星系统有多丰富，可以考虑
对开普勒任务发现的候选行星作统计分析。研究表明，在整
个银河系中，平均每颗恒星拥有 1—3 颗行星，而像太阳系中
类地行星这样较小行星的数量则远远多于类似木星和土星的

巨行星。[40—41]这些结果非常生动地表明，行星搜寻的时代即将结束，且将很快被行星收集的时代所取代。银河系中无疑有着大量行星，而我们面临的挑战则是使用更灵敏的仪器去收集海量的系外行星。

参考文献

前言

[1] Wolszczan, A., & Frail, D. A. 1992. *Nature*, 355, 145.

[2] Seager, S., ed. 2011. *Exoplanets*. University of Arizona Press, p.526.

[3] Seager, S. 2010. *Exoplanet Atmospheres: Physical Processes*. Princeton University Press.

[4] Perryman, M. 2011. *The Exoplanet Handbook*. Cambridge University Press.

[5] Lemonick, M. 1998. *Other Worlds: The Search for Life in the Universe*. Simon & Schuster.

[6] Fischer, D. A., Marcy, G. W., & Spronck, J. F. P. 2014. *Astrophysical Journal Supplement*, 210, 5.

[7] Gaudi, B. S. 2012. *Annual Review of Astronomy and Astrophysics*, 50, 411.

[8] Walker, G. A. H. 2012. *New Astronomy Review*, 56, 9.

[9] Oppenheimer, B. R., & Hinkley, S. 2009. *Annual Re-*

view of Astronomy & *Astrophysics*, 47, 253.

[10] Jayawardhana, R. 2011. *Strange New Worlds: The Search for Alien Planets and Life beyond Our Solar System*. Princeton University Press.

[11] Lemonick, M. 2012. *Mirror Earth: The Search for Our Planet's Twin*. Walker & Company.

第一章 引言

[1] Kuhn, T. S. 1957. *The Copernican Revolution*. Cambridge: Harvard University Press, 1957.

[2] Sobel, D. 2011. *A More Perfect Heaven*. Walker Books, 2011.

[3] Pogge, R. 2005. "A Brief Note on Religious Objections to Copernicus." http://www. astronomy. ohio-state. edu/~pogge/Ast161/Unit3/response.html.

[4] Black, D. C. 1995. *Annual Review of Astronomy and Astrophysics*, 33, 359.

[5] Schilling, G. 1996. *Science*, 273, 429.

[6] Mayor, M., Bonfils, X. Forveille, T., et al. 2009. *Astronomy and Astrophysics*, 507, 487.

[7] Lissauer, J. J., Fabrycky, D. C., Ford, E. B., et al.

2011. *Nature*, 470, 53.

［8］Swift, J. J., Johnson, J. A., Morton, T. D., et al. 2013. *Astrophysical Journal*, 764, 105.

［9］Doyle, L. R., Carter, J. A., Fabrycky, D. C., et al. 2011. *Science*, 333, 1602.

［10］Orosz, J. A., Welsh, W. F., Carter, J. A., et al. 2012. *Science*, 337, 1511.

［11］Dressing, C. D., & Charbonneau, D. 2013. *Astrophysical Journal*, 767, 95.

［12］Morton, T. D., & Swift, J. 2014. *Astrophysical Journal*, 791, 10.

第二章　恒星的多普勒频移

［1］Struve, O. 1952. *The Observatory*, 72, 199.

［2］Naef, D., Latham, D. W., Mayor, M., et al. 2001. *Astronomy & Astrophysics*, 375, L27.

［3］Wisdom, J., & Holman, M. 1991. *Astronomical Journal*, 102, 1528.

［4］Wright, J. T. & Howard, A. W. 2009. *Astrophysical Journal Supplement*, 182, 205.

［5］Ford, E. B. 2009. *New Astronomy*, 14, 406.

[6] Dumusque, X. , Pepe, F. , Lovis, C. , et al. 2012. *Nature*, 491, 207.

[7] Fischer, D. A. , Laughlin, G. , Butler, P. , et al. 2005. *Astrophysical Journal*, 620, 481.

[8] Johnson, J. A. , Marcy, G. W. , Fischer, D. A. , et al. 2006. *Astrophysical Journal*, 647, 600.

[9] Kasting, J. F. , 2010. *How to Find a Habitable Planet*. Princeton University Press.

[10] Kasting, J. F. , Whitmire, D. P. , & Reynolds, R. T. 1993. *Icarus*, 101 (1), 108.

[11] Shields, A. L. , Meadows, V. S. , Bitz, C. M. , et al. 2013. *Astrobiology*, 13, 715.

第三章　看见行星的影子

[1] 同第二章 [1]。

[2] Johnson, J. A. , Winn, J. N. , Narita, N. , et al. 2008. *Astrophysical Journal*, 686, 649.

[3] Mandel, K. , & Agol, E. 2002. *Astrophysical Journal Letters*, 580, L171.

[4] Seager, S. , & Mallén-Ornelas, G. 2003. *Astrophysical Journal*, 585, 1038.

[5] Carter, J. A., Yee, J. C., Eastman, J., Gaudi, B. S., & Winn, J. N. 2008. *Astrophysical journal*, 689, 499.

[6] Johnson, J. A., Winn, J. N., Cabrera, N. E., & Carter, J. A. 2009. *Astrophysical Journal Letters*, 692, L100.

[7] 同本章 [6]。

[8] Dawson, R. I., & Johnson, J. A. 2012. *Astrophysical Journal*, 756, 122.

[9] Dawson, R. I., Johnson, J. A., Morton, T. D., et al. 2012. *Astrophysical Journal*, 761, 163.

[10] Charbonneau, D., Brown, T. M., Latham, D. W., & Mayor, M. 2000. *Astrophysical Journal Letters*, 529, L45.

[11] Henry, G. W., Marcy, G. W., Butler, R. P., & Vogt, S. S. 2000. *Astrophysical Journal Letters*, 529, L41.

[12] Mazeh, T., Naef, D., Torres, G., et al. 2000. *Astrophysical Journal Letters*, 532, L55.

[13] Wright, J. T., Marcy, G. W., Howard, A. W., et al. 2012. *Astrophysical Journal*, 753, 160.

[14] Morton, T. D., & Johnson, J. A. 2011. *Astrophysical Journal*, 738, 170.

[15] Fressin, F., Torres, G., Charbonneau D., et al. 2013.

Astrophysical journal, 766, 81.

[16] Quintana, E. V., Barclay, T., Raymon, S. N., et al. 2014. *Science*, 344, 277.

[17] Howell, S. B., Sobeck, C., Haas, M., et al. 2014. *Publications of the Astronomical Society of the Pacific*, 126, 398.

[18] Vanderburg, A., & Johnson, J. A. 2014. *Publications of the Astronomical Society of the Pacific*, 126, 948.

[19] Vanderburg, A., Montet, B. T., Johnson, J. A., et al. 2014. arXiv: 1412.5674.

[20] Crossfield, I. J. M., Petigura, E., Schlieder, J., et al. 2015. arXiv: 1501.03798.

第四章 行星弯曲时空

[1] Dyson, F. W., Eddington, A. S., & Davidson, C. 1920. *Royal Society of London Philosophical Transactions Series A*, 220, 291.

[2] Einstein, A. 1936. *Science*, 84, 506.

[3] 同本章 [2]。

[4] Paczynski, B. 1991. *Astrophysical Journal Letters*, 371, L63.

［5］Gaudi, B. S. 2011. *Exoplanets*, edited by S. Seager. University of Arizona Press, pp.79—110, 79.

［6］Di Stefano, R., & Esin, A. A. 1995. *Astrophysical Journal Letters*, 448, L1.

［7］Mao, S., & Paczynski, B. 1991. *Astrophysical Journal Letters*, 374, L37.

［8］Gaudi, B. S. 2011. *Exoplanets*, edited by S. Seager. University of Arizona Press, pp.79—110, 79.

［9］Udalski, A. 2003. *Acta Astronomica*, 53, 291.

［10］Bond, I. A., Abe, F., Dodd, R. J., et al. 2001. *Monthly Notices of the Royal Astronomical Society*, 327, 868.

［11］Gould, A., & Loeb, A. 1992. *Astrophysical Journal*, 396, 104.

［12］Albrow, M., Beaulieu, J.-P., Birch, P., et al. 1998. *Astrophysical Journal*, 509, 687.

［13］同前言［7］。

［14］Hearnshaw, J. B., Abe, F., Bond, I. A., et al. 2006. 9th Asian-Pacific Regional AU Meeting, 272.

［15］Beaulieu, J.-P., Bennett, D. P., Fouqué, P., et al. 2006. *Nature*, 439, 437.

第五章 直接对行星成像

[1] Crepp, J. R., Johnson, J. A., Fischer, D. A., et al. 2012. *Astrophysical Journal*, 751, 97.

第六章 行星探索的未来

[1] Mayor, M., & Queloz, D. 1995. *Nature*, 378, 355.

[2] Marcy, G. W., & Butler, R. P. 1996. *Astrophysical Journal Letters*, 464, L147.

[3] 同前言 [1]。

[4] 同前言 [1]。

[5] Wolszczan, A. 1995. In *Millisecond Pulsars: A Decade of Surprise*. Astronomical Society of the Pacific. 72, 377.

[6] Latham, D. W., Stefanik, R. P., Mazeh, T., Mayor, M., & Burki, G. 1989. *Nature*, 339, 38.

[7] Tarter, J. 2001. *Annual Review of Astronomy and Astrophysics*, 39, 511.

[8] Penny, A. 2011. *Astronomy and Geophysics*, 52 (1), 21.

[9] Seager, S., Deming, D., & Valenti, J. A. 2009. In *Astrophysics in the Next Decade*. Springer, p.123.

[10] Basri, G., Borucki, W. J., & Koch, D. 2005. *New Astronomy Review*, 49, 478.

[11] Gonzalez, G. 1997. *Monthly Notices of the Royal Astronomical Society*, 285, 403.

[12] Santos, N. C., Israelian, G., & Mayor, M. 2004. *Astronomy and Astrophysics*, 415, 1153.

[13] Fischer, D. A., & Valenti, J. 2005. *Astrophysical Journal*, 622, 1102.

[14] Bouchy, F., Udry, S., Mayor, M., et al. 2005. *Astronomy and Astrophysics*, 444, L15.

[15] Sato, B., Fischer, D. A., Henry, G. W., et al. 2005. *Astrophysical Journal*. 633, 465.

[16] Knutson, H. A. Charbonneau, D., Cowan, N. B., et al. 2009. *Astrophysical Journal*, 703, 769.

[17] Pont, F., Sing. D. K., Gibson, N. P., et al. 2013. *Monthly Notices of the Royal Astronomical Society*, 432, 2917.

[18] 同第一章 [12]。

[19] Vogt, S. S., Allen, S. L., Bigelow, B. C., et al. 1994. *Proceedings of SPIE*, 2198, 362.

[20] 同前言 [2]。

[21] Tull, R. G. 1998. *Proceedings of SPIE*, 3355, 387.

[22] Campbell, B., & Walker, G. A. H. 1979. *Publications of the Astronomical Society of the Pacific*, 91, 540.

[23] Mayor, M., Pepe, F., Queloz, D., et al. 2003. *The Messenger*, 114, 20.

[24] Cosentino, R., Lovis, C., Pepe, F., et al. 2012. *Proceedings of SPIE*, 8446, 84461V.

[25] Pepe, F., Molaro, P., Cristiani, S., et al. 2014. *Astronomische Nachrichten*, 335, 8.

[26] Vogt, S. S., Radovan, M., Kibrick, R., et al. 2014. *Publications of the Astronomical Society of the Pacific*, 126, 359.

[27] Swift, J. J., Bottom, M., Johnson, J. A., et al. 2014. arXiv: 1411.3724.

[28] Dumusque, X., Pepe, F., Lovis, C., et al. 2012. *Nature*, 491, 207.

[29] Mahadevan, S., Ramsey, L., Bender, C., et al. 2012. *Proceedings of SPIE*, 8446, 84461S.

[30] Quirrenbach, A., Amado, P. J., Caballero, J. A., et al. 2014. *Proceedings of SPIE*, 9147, 91471F.

[31] Artigau, É., Kouach, D., Donati, J.-F., et al. 2014. *Processings of SPIE*, 9147, 914715.

[32] Ricker, G. R., Winn, J. N., Vanderspek, R. K., et al. 2015. *Journal of Astronomical Telescopes*, Instru-

ments, and Systems, 1 (1).

[33] Di Stefano, R., Matthews, J., & Lepine, S. 2012. arXiv: 1202.5314.

[34] Lépine, S., & DiStefano, R. 2012. *Astrophysical Journal Letters*, 749, L6.

[35] Sahu, K. C., Bond, H. E., Anderson, J., & Dominik, M. 2014. arXiv: 1401.0239.

[36] Sagan, C. 1994. *Pale Blue Dot: A Vision of the Human Future in Space*. Random House.

[37] McBride, J., Graham, J. R., Macintosh, B., et al. 2011. *Publications of the Astronomical Society of the Pacific*, 123, 692.

[38] Hinkley, S., Oppenheimer, B. R., Zimmerman, N., et al. 2011. *Publications of the Astronomical Society of the Pacific*, 123, 74.

[39] Beuzit, J.-L., Boccaletti, A., Feldt, M., et al. 2010. In *Pathways towards Habitable Planets*. Astronomical Society of the Pacific, 430, 231.

[40] Howard, A. W., Marcy, G. W., Johnson, J. A., et al. 2010. *Science*, 330, 653.

[41] 同第三章 [15]。

术语表

自适应光学 (Adaptive Optics, AO)

一种通过减小入射波阵面的畸变来提高光学系统性能的技术。它让镜面发生变形来补偿畸变，从而校正失真的入射波阵面。

近点角 (Anomaly)

开普勒轨道的三个角度参数称为近点角，包括偏近点角、平近点角和真近点角。为了预测二体系统中物体在轨道上的位置，需要知道这三个参数。

远星点 (Apastron)

物体沿椭圆轨道绕恒星运动时，离恒星最远的位置称为远星点。

光阑 (Aperture)

望远镜等光学仪器中通光区域的大小。圆形光学元件的光阑大小通常为其直径。

远日点 (Aphelion)

行星或其他天体的轨道上离太阳最远的位置称为远日点。

近星点幅角 (Argument of Periastron)

描述轨道取向的轨道运动参数，通常用 ω 表示。具体来说，沿着运动方向测量时，近星点幅角是升交点（椭圆轨道与参考平面的交点之一）与近星点的角间距。

天体测量学 (Astrometry)

天文学的一个分支，包括精确测量恒星和其他天体的位置及运动。

天文单位 (Astronomical Unit, AU)

天文测量单位，它等于地球与太阳之间的平均距离，约为 1.5×10^{13} cm。

蓝移 (Blueshift)

多普勒频移使目标天体的光谱线向更蓝的波长移动，说明目标天体正朝着观测者运动。蓝移越大，目标天体移动越快。

多普勒效应（Doppler Effect）

随着波源和观察者彼此靠近（或远离），声波、光波或者其他波动的频率会相应增加（或减小）。

偏心率（Eccentricity）

衡量物体轨道偏离圆轨道程度的参量。偏心率越高，意味着轨道拉得越长。

掩食（Eclipse）

一个天体被另一个天体全部或部分挡住，通常用于描述双星系统中一颗恒星从另一颗恒星前面经过。

出凌（Egress）

全食（凌星）过程刚结束，掩食（凌星）天体经过中心（被环绕）天体边缘的过程。

本轮（Epicycle）

圆心沿某个大圆①圆周运动的小圆。在历史上，本轮曾用来描述托勒密体系中行星的轨道。

---

① 这里的大圆即为均轮。——译者注

系外行星 （Exoplanet）

环绕其他恒星而非太阳运动的行星。除此之外，其与太阳系行星有着相同的定义。

广义相对论 （General Relativity）

亦作广义相对性理论（general theory of relativity）。爱因斯坦于 1915 年发表了这一关于引力的几何理论，它在现代物理学中用于描述引力。

流体静力学平衡 （Hydrostatic Equilibrium）

当恒星和其他天体向内的引力与其内部的压力平衡时，就称该天体达到了流体静力学平衡状态。

碰撞参数 （Impact Parameter）

运动物体的路径与该物体正在接近的另一个物体的中心之间的垂直距离，或者说最近距离。

红外线 （Infrared）

波长长于可见光且短于微波的光，其波长范围大约为 0.8 微米（近红外）至 1 毫米（远红外）。

入凌 （Ingress）

全食（凌星）过程即将开始，掩食（凌星）天体经过中心（被环绕）天体边缘的过程。

开尔文 （Kelvin）

天文学中使用的温标，用 K 表示。水的冰点为 273 K，而 0 K 则被称为绝对零度。

开普勒定律 （Kepler's Laws）

（1）轨道定律（The Law of Orbits）：所有行星均沿椭圆轨道运行，且太阳在椭圆的一个焦点上。

（2）面积定律（The Law of Areas）：行星与太阳的连线在相等的时间内扫过相等的面积。

（3）周期定律（The Law of Periods）：各行星公转周期的平方均正比于其轨道半长轴的立方。

千秒差距 （Kiloparsec）

天文学距离，等于 1 000 秒差距。

临边昏暗 （Limb Darkening）

恒星中心看起来比它边缘要亮一些的光学效应。

视线（Line of Sight）

观察者与天体之间连成的直线。

光度（Luminosity）

衡量恒星输出功率的参量，即单位时间内发出的能量。

主序星（Main Sequence）

燃烧氢元素的恒星在恒星温度-光度图（赫罗图）中所处的位置。太阳现在正处于主序星阶段。

星等（Magnitude）

表述恒星亮度的一种方式。明亮恒星比暗淡恒星的星等更低。夜晚最亮恒星①的星等约为 - 1.4，而人眼可见的最暗恒星约为 6 等星。每改变一个星等则亮度变化约 2.51 倍。

金属丰度（Metallicity）

衡量恒星中重元素（或者"金属"）含量的参量。在天文学中，比氢重的元素都称为"金属"。

---

① 指大犬座的天狼星（Sirius）——译者注。

视差 (Parallax)

从不同位置观察时，两个物体表观位置的变化。

秒差距 (Parsec)

天文学常用距离单位。若观测者移动了 1 天文单位时，天体移动了 1 角秒，则天体与观测者的距离为 1 秒差距。

近星点 (Periastron)

物体沿椭圆轨道绕恒星运动时，离恒星最近的位置称为近星点。

近日点 (Perihelion)

行星或其他天体的轨道上离太阳最近的位置称为近日点。

光度测量学 (Photometry)

通过测量天体辐射的通量来研究天体的学科称为光度测量学。

光子 (Photon)

光的量子化粒子。光子包含一定量的电磁能。

光球层（Photosphere）

太阳的明亮外表面。光球层不是一个实体表面，它指的是光子可以不被散射或者吸收而逸出的位置。

谱斑（Plage）

恒星表面的明亮区域。

行星（Planet）

国际天文学联合会（IAU）将行星定义为满足如下三条原则的太阳系天体：

（1）环绕太阳运动；

（2）具有足够的质量，其自身引力能克服刚体作用力而表现出流体静力学平衡的形状（近圆形）；

（3）清除了其引力范围内的小天体。

原行星盘（Protoplanetary Disk）

围绕着新形成的年轻恒星的一团扁平、旋转着的气体和尘埃。一般认为，行星最终由原行星盘内的气体和尘埃形成。

脉冲星（Pulsar）

旋转的中子星会沿着其磁轴辐射能量。当磁轴在旋转过程中扫过观测者视线时，就能观察到有规律的光脉冲。

视向速度（Radial Velocity）

天体的速度在观察者视线方向上的投影。

红移（Redshift）

多普勒频移使目标天体的光谱线向更红的波长移动，说明目标天体正远离观测者运动。红移越大，目标天体移动越快。

逆行（Retrograde Motion）

相对于夜空中的其他恒星，某天体看起来减速，停止，然后反向移动的现象。

半长轴（Semimajor Axis）

椭圆轨道最长的半径，它位于远星点与近星点的连线上。

半短轴（Semiminor Axis）

椭圆轨道最短的半径，它经过椭圆的几何中心，且与半长轴垂直。

光谱仪（Spectrometer）

将来自天体的光分解为不同波长的光并给出光谱的仪器。

光谱学（Spectroscopy）

观察天体光谱以测量或推断其化学组成和视向速度等物理性质的技术。

光谱（Spectrum）

利用不同波长的光对应的不同折射程度将光线分离开后所得的类似彩虹的色带。

恒星（Star）

处于流体静力学平衡态的、能发光的球状气体团，其依靠内部的核聚变或者热辐射发光。

黑子（Starspot）

恒星表面温度较低的区域，它比周围区域显得要暗一些。

瞬变（Transient）

一类天文现象，其发生无从预测，持续时间从数秒到数日、数周甚至数年不等。典型例子包括超新星爆发和伽马射线暴。

凌星（Transit）

　　小天体经过大天体视圆面的现象称为凌星，如行星掩食恒星。

索　引

B

波阵面（wavefronts）　120—123，129

C

颤动（jitter）　027，050—052

出凌（egress）　066，068—072

D

点扩展函数（point spread function，PSF）　121—122，128

电荷耦合器件（CCD，detector）　048，061，078—081，111—112，152

对比度（contrast）　116，123—127，160

多普勒振幅（Doppler amplitude）　040，044，052，057，085，135，151—152

F

方照（quadrature）　051

---

① 正文中指"凌星时间的变化"，但当它作为搜寻系外行星的方法时建议译
　作"凌星时变分析法"。——译者注

译后记

自从 20 世纪 90 年代发现了第一颗系外行星起，系外行星科学就正式诞生了。

作为一门新兴学科，系外行星科学在国际上正受到越来越多专业学者和普罗大众的关注，其原因也不难理解：人类在地球上已经孤单地生活了数百万年，我们迫切希望在宇宙中找到其他文明，甚至于说可能的第二故乡。2019 年，首颗系外行星的发现者米歇尔·迈耶和迪迪埃·奎罗斯荣获诺贝尔物理学奖，也在某种程度上有力地证明了这一点。

不过在当下，国内从事系外行星科学研究的学者还不多，与该领域相关的中文书籍很少。受制于语言问题，很多系外行星科学的爱好者只能从各种科普杂志或者网络社区的零散文章里了解一些该领域的碎片化知识，难以形成系统认知。从科学传播的角度来说，上海科学技术文献出版社将系外行星科学等前沿领域的一系列优秀书籍译为中文出版，堪称国内科学爱好者的福音。

《寻找系外行星》是"普林斯顿物理学前沿"系列书籍中的一册，由美国著名天文学家约翰·阿瑟·约翰逊撰写，它主要面向对系外行星科学感兴趣，并具有大学物理基础的读者。本书语言风格幽默诙谐，不拘一格；而论述则深入浅出，直击本质。与我此前见过的同类书相比，本书具有两个最大的特点。

首先，作者特别注重介绍物理模型，尤其是复杂模型的核心思想。作者并不回避数学推导，事实上本书中出现了大量公式，但是作者在论述时并不完全依赖数学演算，而是从最特殊的情况出发逐步过渡到一般情形，并指出这些模型中有哪些一以贯之的核心思想，以及读者应当如何借助这些核心思想来理解各种不同情形下的信号特点。这种安排方法，无疑对初学者理解各种系外行星探测方法的物理学原理有着巨大帮助。

此外，作者还特别突出了"知行合一"理念。在本书中，作者花了大量篇幅来介绍各种系外行星探测方法的具体原理和已获得的成果，这些对于一本导论性质的书籍来说自然不可或缺。然而除了介绍各种探测方法之外，作者还会在每章开篇之处讲讲自己研究工作中的花絮，并在每章的结尾部分给出一两例实际观测所得的信号，来引导读者学习如何从这些信号中判读出相应系外行星的半径、轨道周期等性质。这样的安排一方面能让读者感到"学以致用"，另一方面也相当于带领读者接触相关领域的科学前沿，进而对天文学家的日常工作形成初步的感性认识。在我看来，这对于有意愿日后投身天文学研究的同学来说非常重要。

本书中的天文学术语译名主要来自中国虚拟天文台网站（http://astrodict.china-vo.org/）的天文名词库，其中未收录的部分术语由我译出。本书中的人名译名主要参考了《世界人名翻译大辞典》（中国对外翻译出版公司1993年版），其中未收录的译名则参考了谷歌并根据大陆地区的中文习惯转译为汉语。

借本书出版之机，我还要感谢帮助我完成译稿的朋友们。

首先，我特别感谢清华大学天文系（原清华大学物理系天体物理中心）的王卓骁博士在专业知识方面给予的巨大帮助。王博士的研究领域即为系外行星科学，因此对本书所述内容有着高屋建瓴的认识；而更加难能可贵的是，他同时也对科普工作和科学传播有着浓厚兴趣。在本书翻译过程中，我遇到的专业问题主要通过请教王博士或者与他讨论而得到解决。毫不夸张地说，本书能够顺利译完，与王卓骁博士的帮助和指导密不可分。

其次，需要特别感谢的是我的夫人——中国科学院自然科学史研究所《中国科学技术史（英文）》（CAHST）期刊的编辑俞月圆。她通读了译文，指出了其中的若干错误并提出了不少宝贵的修改建议。如果没有她的帮助，本书的语言

会逊色不少。

　　最后，我要感谢本书的编辑，感谢她每次在我有疑问时及时而耐心的回复，以及为本书出版所做的努力。

李　根

2020 年 4 月 7 日于北京